对接世界技能大赛技术标准创新系列教材

技工院校一体化课程教学改革模具制造专业教材

模具零件手工加工（下册）

人力资源社会保障部教材办公室　组织编写

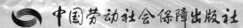
中国劳动社会保障出版社

world **skills**
China

内容简介

本套教材为对接世赛标准深化一体化专业课程改革模具制造专业教材，对接世赛塑料模具工程、原型制作项目，学习目标融入世赛要求，学习内容对接世赛技能标准，考核评价方法参照世赛评分方案，并设置了世赛知识栏目。

本书主要内容包括：接受任务，制订计划；使用 AutoCAD 软件绘制冲床机构的零件图和装配图；分析冲床机构的工作原理；铣削加工底板、凹槽板、滑块；车削加工手轮、手轮轴、螺钉；手工加工立板、凹板；手工加工导向板、盖板；手工加工冲头、连杆；装配、调整冲床机构；工作总结、成果展示、经验交流等。

图书在版编目（CIP）数据

模具零件手工加工 . 下册 / 人力资源社会保障部教材办公室组织编写 . -- 北京：中国劳动社会保障出版社，2021

对接世界技能大赛技术标准创新系列教材　技工院校一体化课程教学改革模具制造专业教材

ISBN 978-7-5167-4934-0

Ⅰ.①模…　Ⅱ.①人…　Ⅲ.①模具 – 零部件 – 加工 – 技工学校 – 教材　Ⅳ.①TG760.6

中国版本图书馆 CIP 数据核字（2021）第 185088 号

中国劳动社会保障出版社出版发行

（北京市惠新东街 1 号　邮政编码：100029）

*

北京市白帆印务有限公司印刷装订　　新华书店经销

880 毫米 ×1230 毫米　16 开本　7.25 印张　166 千字

2021 年 9 月第 1 版　　2021 年 9 月第 1 次印刷

定价：18.00 元

读者服务部电话：（010）64929211/84209101/64921644

营销中心电话：（010）64962347

出版社网址：http://www.class.com.cn

http://jg.class.com.cn

对接世界技能大赛技术标准创新系列教材

编审委员会

主　任: 刘　康

副主任: 张　斌　王晓君　刘新昌　冯　政

委　员: 王　飞　翟　涛　杨　奕　张　伟　赵庆鹏　姜华平

　　　　杜庚星　王鸿飞

模具制造专业课程改革工作小组

课　改　校: 广东省机械技师学院　江苏省常州技师学院　广西机电技师学院

　　　　　　成都市技师学院　江苏省盐城技师学院　承德技师学院

　　　　　　徐州工程机械技师学院

技术指导: 李克天

编　　辑: 马文睿　吕滨滨

本书编审人员

主　　编: 刘育良

参　　编: 罗卫科　吴木财　彭惟珠

序

世界技能大赛由世界技能组织每两年举办一届，是迄今全球地位最高、规模最大、影响力最广的职业技能竞赛，被誉为"世界技能奥林匹克"。我国于 2010 年加入世界技能组织，先后参加了五届世界技能大赛，累计取得 36 金、29 银、20 铜和 58 个优胜奖的优异成绩。第 46 届世界技能大赛将在我国上海举办。2019 年 9 月，习近平总书记对我国选手在第 45 届世界技能大赛上取得佳绩作出重要指示，并强调，劳动者素质对一个国家、一个民族发展至关重要。技术工人队伍是支撑中国制造、中国创造的重要基础，对推动经济高质量发展具有重要作用。要健全技能人才培养、使用、评价、激励制度，大力发展技工教育，大规模开展职业技能培训，加快培养大批高素质劳动者和技术技能人才。要在全社会弘扬精益求精的工匠精神，激励广大青年走技能成才、技能报国之路。

为充分借鉴世界技能大赛先进理念、技术标准和评价体系，突出"高、精、尖、缺"导向，促进技工教育与世界先进标准接轨，完善我国技能人才培养模式，全面提升技能人才培养质量，人力资源社会保障部于 2019 年 4 月启动了世界技能大赛成果转化工作。根据成果转化工作方案，成立了由世界技能大赛中国集训基地、一体化课改学校，以及竞赛项目中国技术指导专家、企业专家、出版集团资深编辑组成的对接世界技能大赛技术标准深化专业课程改革工作小组，按照创新开发新专业、升级改造传统专业、深化一体化专业课程改革三种对接转化原则，以专业培养目标对接职业描述、专业课程对接世界技能标准、课程考核与评价对接评分方案等多种操作模式和路径，同时融入健康与安全、绿色与环保及可持续发展理念，开发与世界技能大赛项目对接的专业人才培养方案、教材及配套教学资源。首批对接 19 个世界技能大赛项目共 12 个专业的成果将于 2020—2021 年陆续出版，主要用于技工院校日常专业教学工作中，充分发挥世界技能大赛成果转化对技工院校技能人才的引领示范作用。在总结经验及调研的基础上选择新的对接项目，陆续启动第二批等世界技能大赛成果转化工作。

希望全国技工院校将对接世界技能大赛技术标准创新系列教材，作为深化专业课程建设、创新人才培养模式、提高人才培养质量的重要抓手，进一步推动教学改革，坚持高端引领，促进内涵发展，提升办学质量，为加快培养高水平的技能人才作出新的更大贡献！

2020年11月

目　　录

学习任务　冲床机构的制作

学习目标

1. 能通过学习世界技能大赛的组织、发展史及我国历届参赛情况、取得成绩等知识，了解世界技能大赛的竞赛要求、技术要求等内容。

2. 能了解加工车间和工作区的范围和限制，了解企业对环境、安全、卫生和事故预防等标准。

3. 能检查工作区、设备、工具、材料的状况和功能。

4. 能按照加工车间安全防护规定，正确穿戴劳动保护用品，严格执行安全操作规程。

5. 能借助"机械手册"，查阅加工零件毛坯的材料牌号、几何公差和切削用量等知识，理解"机械手册"在生产中的重要性。

6. 能分辨平面四杆机构的类型及其动作特点，并能根据平面四杆机构的工作原理分析冲床的传动结构，按要求绘制冲床的平面四杆机构图。

7. 能较为熟练地识读零件图和装配图的结构及相关技术要求。理解尺寸精度、形位精度、表面粗糙度、材料热处理工艺等技术要求对零件机械性能、制造精度和设备装配精度的重要性。

8. 能较为熟练地使用 AutoCAD 软件进行绘图，按机械制图的相关标准绘制零件图和装配图，并进行尺寸标注、技术要求标注。

9. 能根据任务书、零件图样的技术要求、工艺方法，并通过查阅相关资料，分析并制定零件的加工工艺，完成加工工艺卡的填写，并理解产品加工工艺在生产中的重要性。

10. 能较为熟练地操作普通卧式车床，正确分析车刀的结构、几何角度和切削角度，根据零件毛坯材料、切削用量、加工精度等参数，刃磨出符合切削要求的车刀，按图样技术要求独立完成手轮、手轮轴、螺钉的车削加工。

11. 能较为熟练地操作普通立式铣床，正确分析立铣刀的结构、几何角度和切削角度，根据零件毛坯材料、切削用量、加工精度等参数，刃磨出符合切削要求的铣刀，按图样技术要求独立完成底板、凹槽板、滑块的铣削加工。

12. 能较为熟练地操作台式钻床进行钻孔，学会配钻的技能，根据螺纹孔及铰孔直径确定其底孔直径，根据钻孔尺寸及钻削零件材料调整钻床转速，保证钻孔的位置精度，独立完成钻头的修磨和冲床各零件的孔加工。

13. 能规范操作普通卧式车床、普通立式铣床、台式钻床及砂轮机，并能严格遵守相关安全操作规程，熟练地进行设备保养及简单故障的排查和处理。

14. 能根据零件图样、零件尺寸、加工余量、加工精度、加工面的形状及材料硬度等条件正确选择锉刀，并制定合理的加工工艺；当锉削加工精度超差时，能及时发现问题并提出合理的解决方案。严格遵守安全生产规章制度和文明生产的有关要求，保持工作场地整洁。

15. 能规范、熟练地使用游标卡尺、千分尺、塞尺、百分表等通用量具，对零件进行检测并判断加工质量，分析误差产生的原因，优化加工方案。

16. 能严格遵守冲床的安全操作规程进行操作，按机械设备装配与调试的工艺方法和技术要求装配冲床，装配位置符合精度要求，冲头滑移顺畅且没有明显晃动，手轮转动灵活、无卡紧现象。

17. 能熟悉冷冲模装配与调模的工艺，能按工艺要求进行调试、检测冲头与凹模的配合间隙，冲裁试模的产品应符合质量要求。

18. 能在作业过程中严格执行企业操作规范、安全生产制度、环保管理制度以及"6S"管理规定，严格遵守从业人员的职业道德，具有吃苦耐劳、爱岗敬业的工作态度，精益求精的质量管控意识和职业责任感。

19. 能按"6S"管理规定和产品工艺流程要求，整理现场。正确放置工具、产品，对机床、工具柜进行维护保养，并规范填写保养记录表。

20. 能与班组长、工具管理员等相关人员进行有效沟通与合作，充分理解有效沟通与团队合作的重要性。

21. 能积极主动地展示、汇报工作成果，对学习工作过程中出现的问题进行反思和总结，优化方案和策略，具备一定的知识迁移能力。

 **建议学时**

210 学时

学习任务描述

为了解决模具专业学生在进行模具制造技能训练时，无法检验模具的加工精度是否符合技术要求及模具的结构是否合理等问题，现需生产 10 台简易冲床用作加工冷冲模实验设备。根据产品的技术要求，讨论得出完成本任务对人员的要求如下。

1. 具有一定的绘图能力，能识读简单的装配图。

2. 已进行钳加工技能训练，并达到中级工的操作水平。

3. 熟悉车床、立式铣床的结构及其操作规程，并能独立操作。

4. 对模具专业的相关理论知识有一定的了解，能装配与调试冷冲模，经过了《模具零件手工加工（上册）》的训练后，掌握了一定的专业基础技能。

　　由指导教师进行设计，完成图样的绘制工作，并指导学生制作。在制作过程中，参照世界技能大赛的要求和规则，从教学模式、教学组织、技术要求、教学场地及教学管理等方面进行监督和引导。

　　由教师指导学生完成这一项工作任务，结合学生的实际情况，经教师们的讨论制定方案，制作周期为 7 周共 210 学时，最终完成交货。

学习工作流程

学习活动 1　　接受任务，制订计划

学习活动 2　　使用 AutoCAD 软件绘制冲床机构的零件图和装配图

学习活动 3　　分析冲床机构的工作原理

学习活动 4　　铣削加工底板、凹槽板、滑块

学习活动 5　　车削加工手轮、手轮轴、螺钉

学习活动 6　　手工加工立板、凹板

学习活动 7　　手工加工导向板、盖板

学习活动 8　　手工加工冲头、连杆

学习活动 9　　装配、调整冲床机构

学习活动 10　　工作总结、成果展示、经验交流

学习活动1　接受任务，制订计划

 **学习目标**

1. 能查阅相关资料，掌握冲床机构的特点及用途。

2. 能根据冲床机构制作任务要求，分析并确定加工实施方案。

3. 能查阅相关资料，确定所需材料准备周期。

4. 能根据冲床机构确定加工工艺、划分工序，制订出合理的工作计划进度表。

建议学时：12学时

 学习过程

1. 本学习活动的具体任务和目标是什么？

2. 完成本学习活动所需的学习资料都有哪些？如果缺少将通过哪些渠道获取？

3．查阅相关资料，冲床的类型都有哪些？冲床机构的特点及用途分别是什么？

4．查阅相关资料，确定加工实施方案的工时应考虑哪些因素？

5．查阅相关资料，材料准备周期的概念及其影响因素分别是什么？

6．分析图 1–1 至图 1–13 的图样，完成表 1–1 的填写。

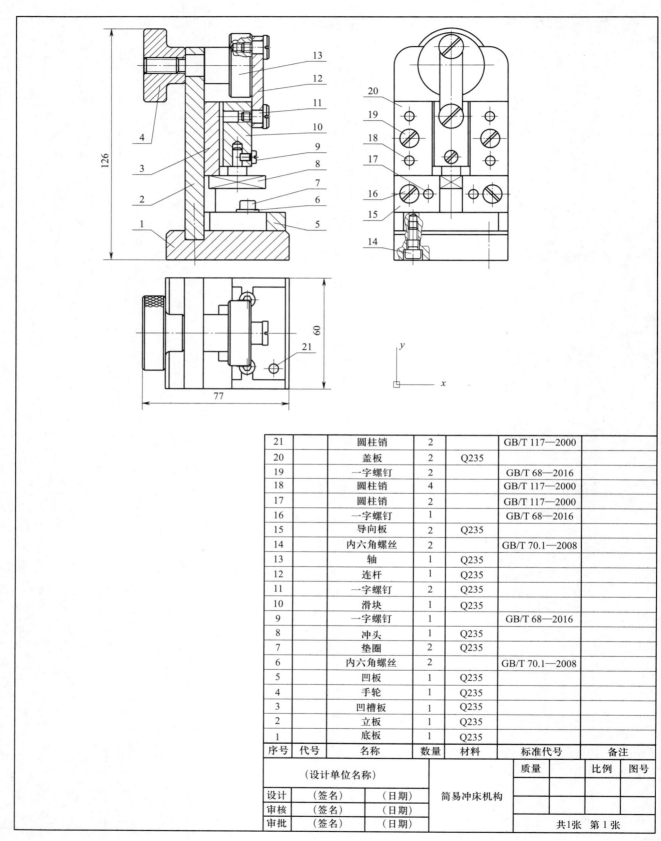

21		圆柱销	2		GB/T 117—2000	
20		盖板	2	Q235		
19		一字螺钉	2		GB/T 68—2016	
18		圆柱销	4		GB/T 117—2000	
17		圆柱销	2		GB/T 117—2000	
16		一字螺钉	1		GB/T 68—2016	
15		导向板	2	Q235		
14		内六角螺丝	2		GB/T 70.1—2008	
13		轴	1	Q235		
12		连杆	1	Q235		
11		一字螺钉	2	Q235		
10		滑块	1	Q235		
9		一字螺钉	1		GB/T 68—2016	
8		冲头	1	Q235		
7		垫圈	2	Q235		
6		内六角螺丝	2		GB/T 70.1—2008	
5		凹板	1	Q235		
4		手轮	1	Q235		
3		凹槽板	1	Q235		
2		立板	1	Q235		
1		底板	1	Q235		
序号	代号	名称	数量	材料	标准代号	备注

（设计单位名称）		简易冲床机构	质量		比例	图号
设计	（签名）	（日期）				
审核	（签名）	（日期）				
审批	（签名）	（日期）		共1张 第1张		

图 1-1　冲床装配图

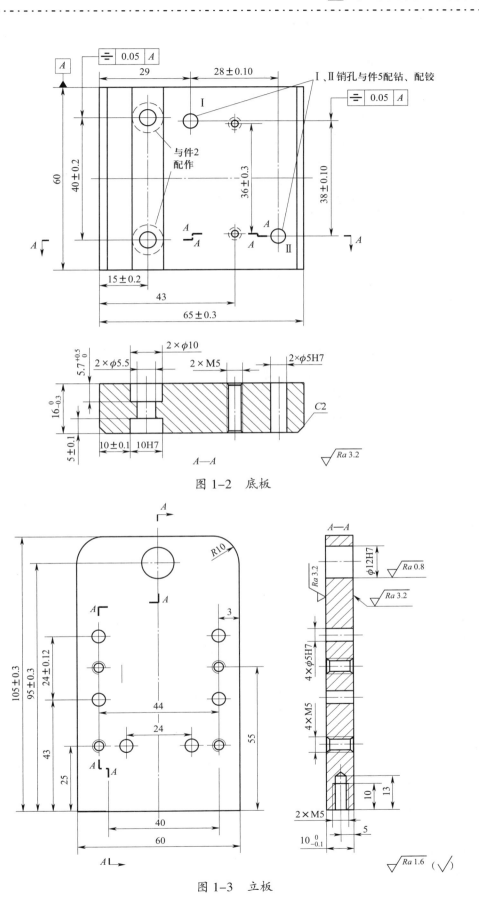

图 1-2　底板

图 1-3　立板

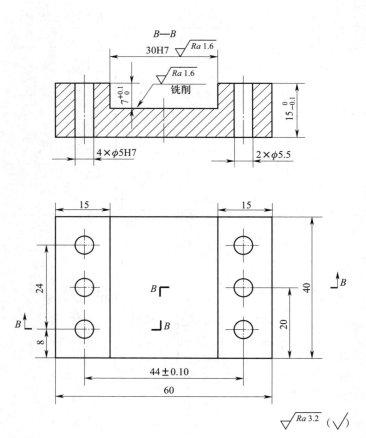

图 1-4 凹槽板

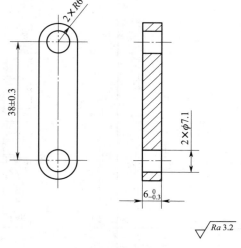

图 1-5 连杆

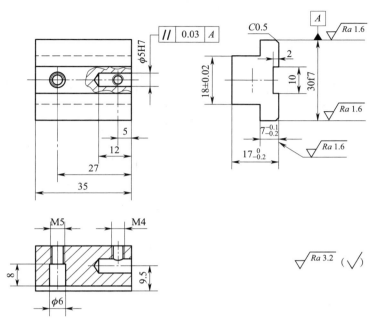

图 1-6　滑块

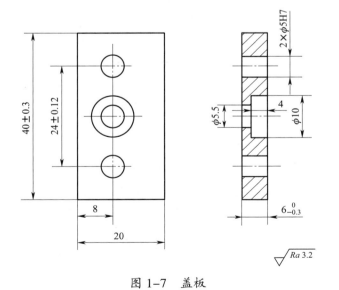

图 1-7　盖板

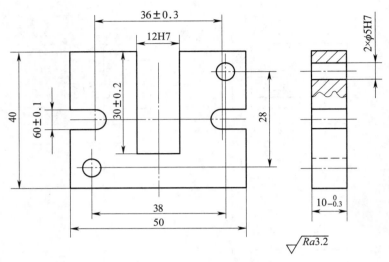

图 1-8 凹板

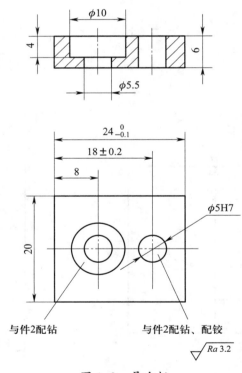

与件2配钻　　　　　与件2配钻、配铰

图 1-9 导向板

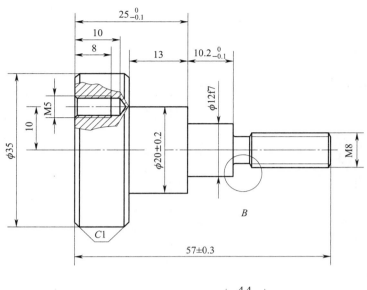

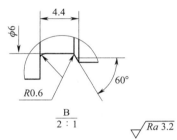

$$\frac{B}{2:1}$$

$\sqrt{Ra\,3.2}$

图 1-10 轴

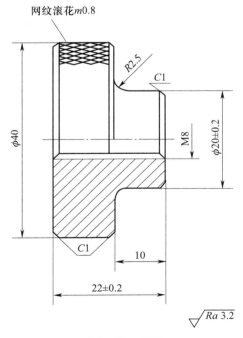

网纹滚花 m0.8

$\sqrt{Ra\,3.2}$

图 1-11 手轮

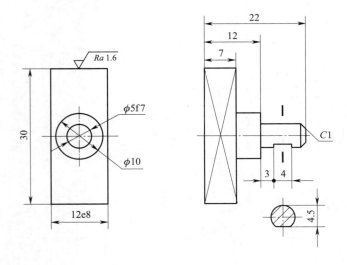

图 1-12　冲头

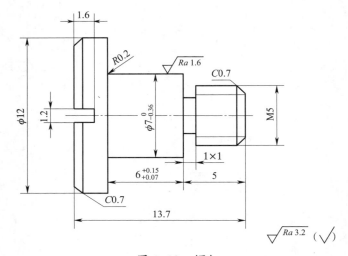

图 1-13　螺钉

表 1-1　　　　　　　　　　　　　　　　分析零件图

序号	类别	零件名称	件数	备料尺寸 / 规格	所需设备、工具、量具	工时 1 h	备注
1	自行加工零件						
2							
3							
4							
5							

续表

序号	类别	零件名称	件数	备料尺寸 / 规格	所需设备、工具、量具	工时 1 h	备注
6	自行加工零件						
7							
8							
9							
10							
11							
12							
1	外购件						
2							
3							
4							
5							
6							

7．小组讨论完成本任务的工作安排，见表 1–2。

表 1–2　　　　　　　　　　小组讨论完成本任务的工作安排

组别		主持人		时间	
成员					
讨论过程内容					
结论					

8．根据小组讨论结果，制订工作计划及生产进程表，见表1-3。

表1-3　　　　　　　　　　　　　　　工作计划及生产进程表

序号	工作内容	工作要求	开始时间	结束时间	实施人员	备注

 评价与分析

表1-4　　　　　　　　　　　　　　　活动过程评价表

班级		姓名		学号		日期		年　月　日
序号	评价要点			配分	得分		评价等级	
1	劳动保护用品穿戴整齐，着装符合要求			10				
2	能了解影响工时的主要因素			20				
3	能掌握所需材料的牌号及性能特点			10			A □（86～100分）	
4	能制订出合理的工作计划			20			B □（76～85分）	
5	能与同学精诚合作，并讨论解决问题			30			C □（60～75分）	
6	能严格遵守作息时间			5			D □（60分以下）	
7	能及时完成教师布置的任务			5				
小结建议								

学习活动 2 使用 AutoCAD 软件绘制冲床机构的零件图和装配图

 **学习目标**

1. 能较为熟练地识读零件图和装配图的结构及相关技术要求。

2. 能理解尺寸精度、形位精度、表面粗糙度、材料热处理工艺等技术要求对零件机械性能、制造精度和设备装配精度的重要性。

3. 能较为熟练地使用 AutoCAD 软件进行绘图。

4. 能按机械制图的规定画法和相关标准要求绘制冲床机构的零件图和装配图。

5. 能准确标注尺寸和注明相关技术要求。

建议学时：30 学时

 学习过程

1. 图层和线型的设置、线型比例的调整。

（1）绘制表 2-1 中的线型并说明它们的用途。

表 2-1　　　　　　　　　　　　　　　　绘制线型

线型	图样	用途
粗实线		
细实线		

续表

线型	图样	用途
波浪线		
虚线		
细点画线		
双点画线		

（2）如图 2-1 所示，两图的细点画线有所不同，请使用 AutoCAD 软件独立将图 2-1a 中的细点画线改为图 2-1b 中的细点画线。

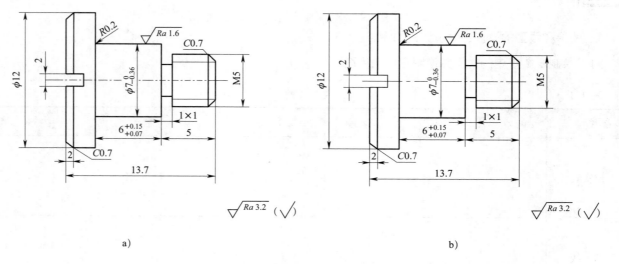

图 2-1　调整细点画线线型比例

2．图框和标题栏的设计。

（1）如图2-2所示，请按机械制图相关标准的要求，完成图框和标题栏的制作。

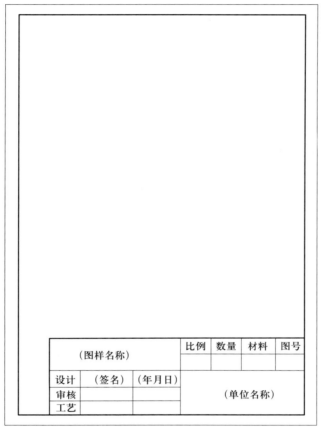

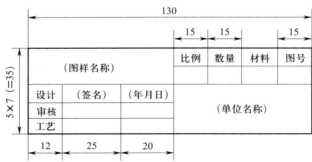

图 2-2 图框和标题栏的制作

（2）查阅相关资料，在我国机械设计中使用的图框规格有哪几种？每种图框规格的尺寸是什么？

（3）想一想，应该如何根据生产要求设定符合规定的图框和标题栏？

3．使用绘图工具栏绘制图样。

（1）写出绘图工具栏各功能键（见图 2-3）的作用，并绘制相对应的图形结构。

图 2-3　绘图工具栏各功能键

（2）根据图 2-4 所给的尺寸，绘制相应的粗实线。

图 2-4　粗实线

（3）使用 AutoCAD 软件绘制表 2-2 中的图形。

表 2-2 绘制图形

绘图方法	图示	绘图方法	图示	绘图方法	图示
圆心半径	R17	三点相切	φ41	两点	48
圆心直径	φ33	两点相切、半径	φ41	三点	φ86

（4）使用 AutoCAD 软件绘制如图 2-5 所示的图形。

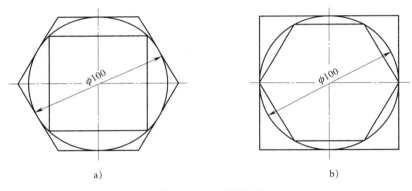

a)   b)

图 2-5 绘制图形

（5）使用 AutoCAD 软件绘制如图 2-6 所示的剖面线。

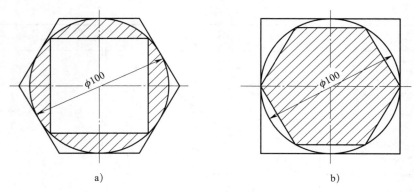

图 2-6　绘制剖面线

4．使用工具栏修改图样。

（1）写出修改工具栏（见图 2-7）各功能键的作用。

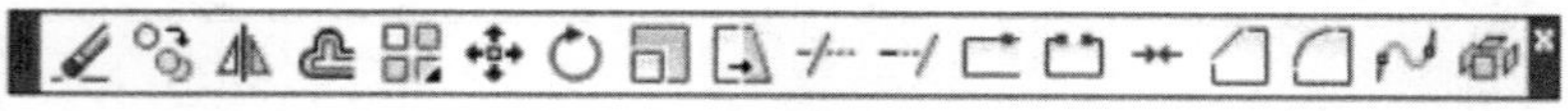

图 2-7　修改工具栏

（2）使用修改工具栏中的功能按钮快速绘制图 2-8 所示的图样。

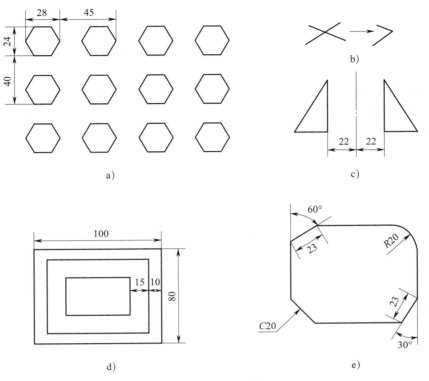

图 2-8　绘制图样

5．掌握零件图的画法。

（1）如图 2-9 所示，分析 b 图三个视图各平面的投影关系，然后绘制 c 图中 4 个轴测图的三视图。

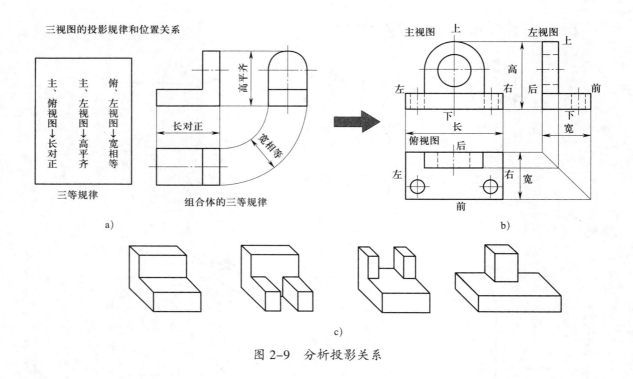

图 2-9　分析投影关系

（2）查阅相关资料，使用 AutoCAD 软件完成表 2-3 中各零件图的绘制，并写出绘图要点及注意事项。

表 2-3　　　　　　　　　　　　　　　零件图的绘制

序号	零件图	表达方式	绘图要点及注意事项
1			

续表

序号	零件图	表达方式	绘图要点及注意事项
2			
3			
4			

续表

序号	零件图	表达方式	绘图要点及注意事项
5			
6			

6．标注尺寸。

（1）查阅相关资料，一组完整机械零件的尺寸包括哪几部分的内容？

（2）查阅相关资料，尺寸标注时需要注意哪些方面的规定？尺寸参数及其符号和缩写都有哪些？填写表2-4。

表2-4　　　　　　　　　　　　　　　　尺寸参数及其符号和缩写

名称	符号和缩写	名称	符号和缩写
直径		45° 倒角	
半径		深度	
球直径		沉孔或锪平	
球半径		埋头孔	
厚度		均布	
正方形			

（3）使用 AutoCAD 软件对图 2-10 标注尺寸。

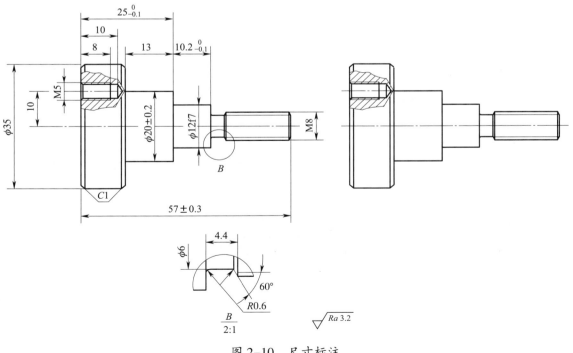

图 2-10　尺寸标注

7．绘制装配图。

（1）查阅相关资料，国家标准对装配图专门制定了哪些规定画法？

（2）如何绘制螺纹连接、轴承装配、键连接的装配图？请用文字或图示的方法将它们描述出来。

（3）绘制装配图时，除了采用常用规定画法表达其结构外，还可以采用一些特殊的表达方式。查阅相关资料，在表 2-5 中完成特殊画法及结构特点的填写。

表 2-5   特殊画法

序号	特殊画法	图示	结构特点
1		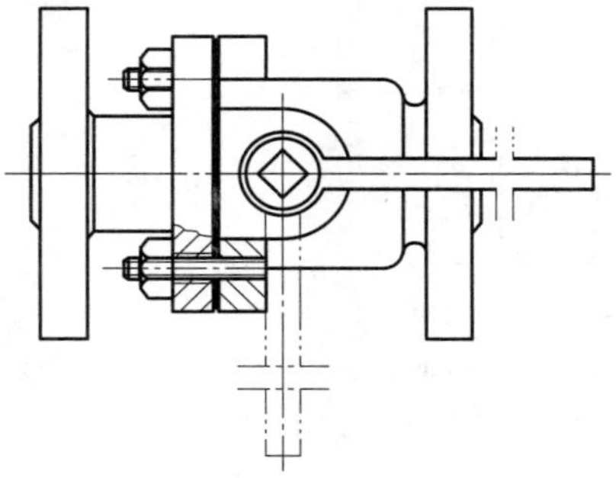	

续表

序号	特殊画法	图示	结构特点
2		拆去螺栓、螺母等 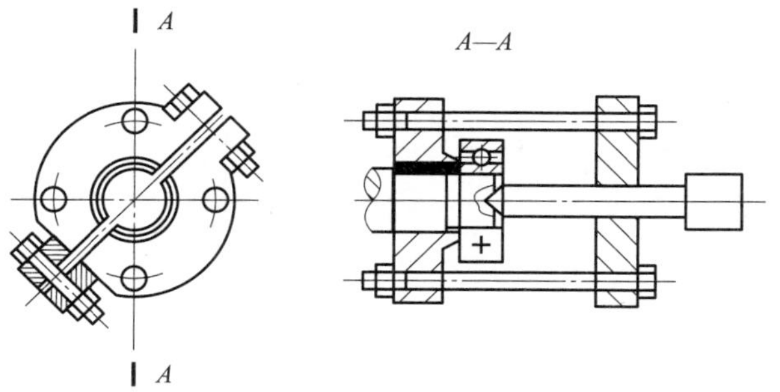 A—A 轮毂	
3		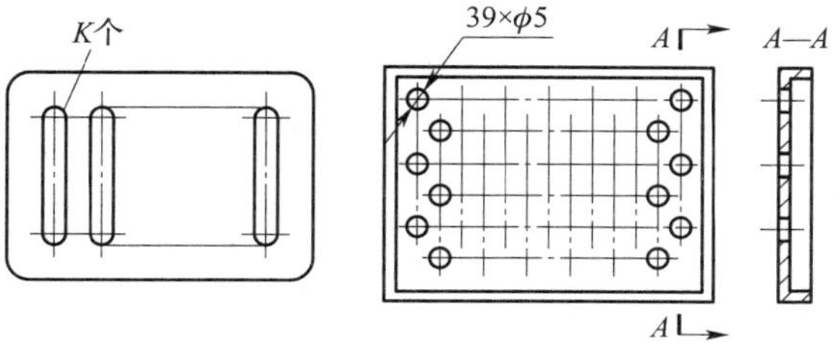 K个 39×φ5 A—A	
4		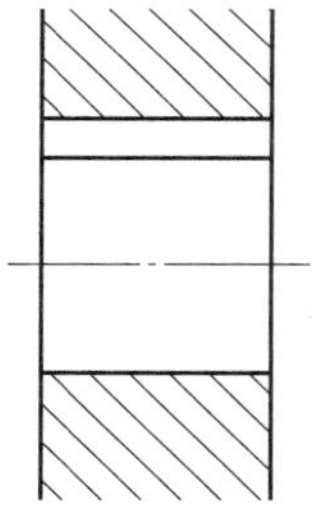 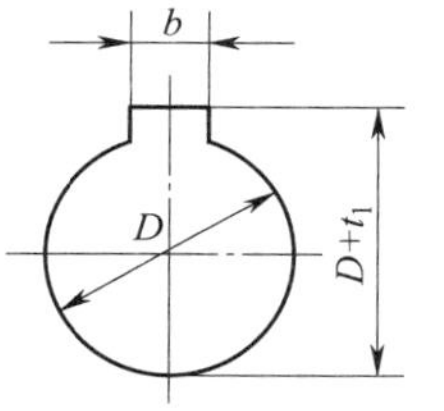 b D D+t₁ 轮毂上键槽画法及尺寸标注	

8. 使用 AutoCAD 软件绘制冲床机构零件图和装配图，将绘制的关键步骤和注意事项填写在下面。

评价与分析

表 2-6　　　　　　　　　　　　　　　活动过程评价表

班级		姓名		学号		组别		日期	
序号	评价项目			完成情况记录	配分	小组评分	教师评分	总评
1	劳动保护用品穿戴整齐，着装符合要求，有违规行为不得分				5			
2	能独立在规定时间内完成图层和线型的设置及线型比例的调整，需要别人协助酌情扣分				5			
3	能独立在规定时间内完成图框和标题栏的设计，需要别人协助酌情扣分				10			
4	能独立在规定时间内使用绘图工具栏绘制图样，需要别人协助酌情扣分				10			
5	能独立在规定时间内使用修改工具栏进行图样的修改，需要别人协助酌情扣分				10			
6	能独立在规定时间内掌握零件图的画法，需要别人协助酌情扣分				10			
7	能独立在规定时间内完成标注尺寸的操作，需要别人协助酌情扣分				15			
8	能独立在规定时间内抄画冲床设备装配图的绘制，需要别人协助酌情扣分				25			
9	能保证实训生产场地整洁，现场凌乱或没有做好收尾工作不得分				10			
小结建议								

学习活动 3　分析冲床机构的工作原理

学习目标

1. 能了解平面四杆机构的工作原理及特点。

2. 能了解曲柄滑块机构的工作原理及特点。

3. 能正确分辨平面四杆机构的类型及其动作特点，并完成其图样的绘制。

4. 能正确分析冲床机构的工作原理，并独立绘制其平面连杆机构图。

建议学时：12 学时

学习过程

1. 查阅相关资料，判断表 3-1 中实例所使用的运动副类型。

表 3-1　　　　　　　　　　　　判断运动副的类型

序号	图示	运动副类型	序号	图示	运动副类型
1			3		
2			4		

续表

序号	图示	运动副类型	序号	图示	运动副类型
5			6	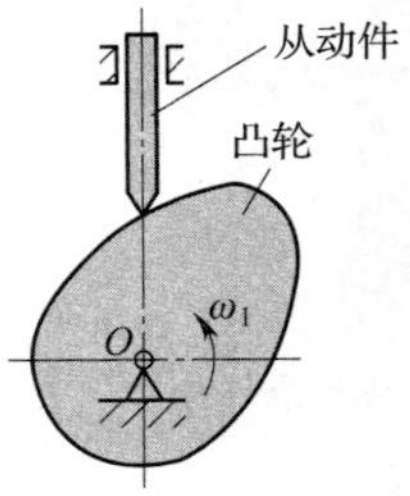 从动件 凸轮 O ω_1	

2．从日常生活和生产实践中，分别举出高副和低副的应用实例（各两个），并根据实例说明高副和低副的应用特点，见表 3-2。

表 3-2　　　　　　　　　　　　　高副和低副的应用

类型	高副		低副	
序号	机械设备名称	应用特点	机械设备名称	应用特点
1				
2				

3．连杆机构有哪些类型？它们是如何动作的？将表 3-3 中的内容填写完整。

表 3-3　　　　　　　　　　　　　连杆机构

序号	图示	连杆机构名称	动作描述
1	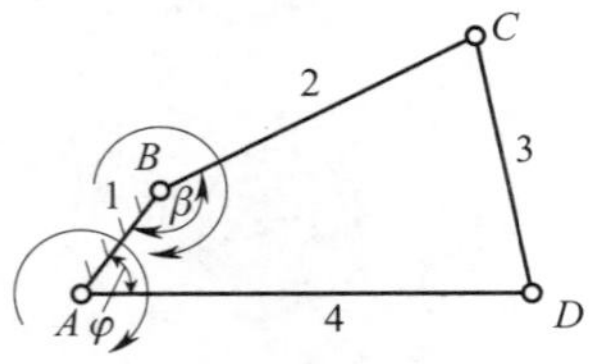		
2	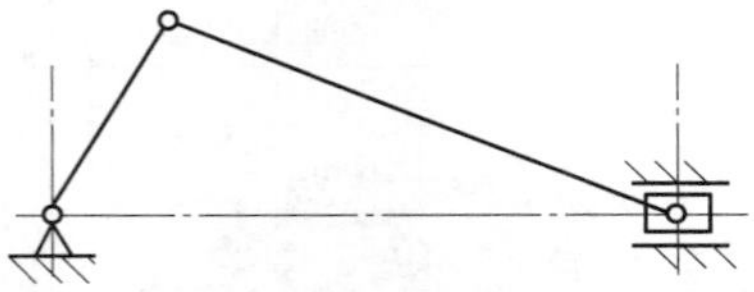		
3	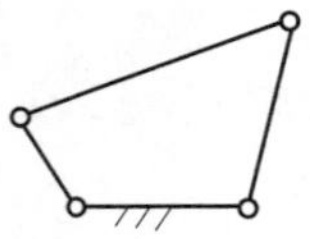		

续表

序号	图示	连杆机构名称	动作描述
4			
5	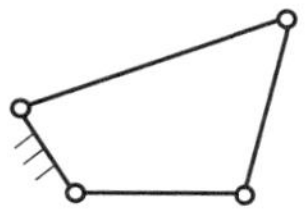		
6	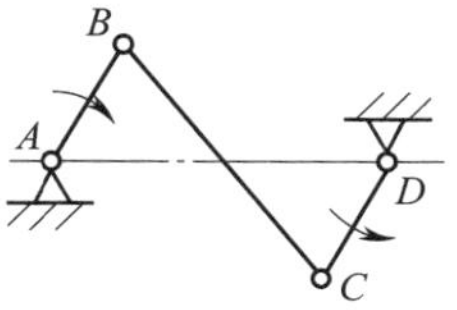		

4．分析表 3-4 中的机械设备采用了哪种连杆机构，它们是如何动作的？

表 3-4　　　　　　　　　　　　　连杆机构的应用

序号	图示	连杆机构名称	动作描述
1	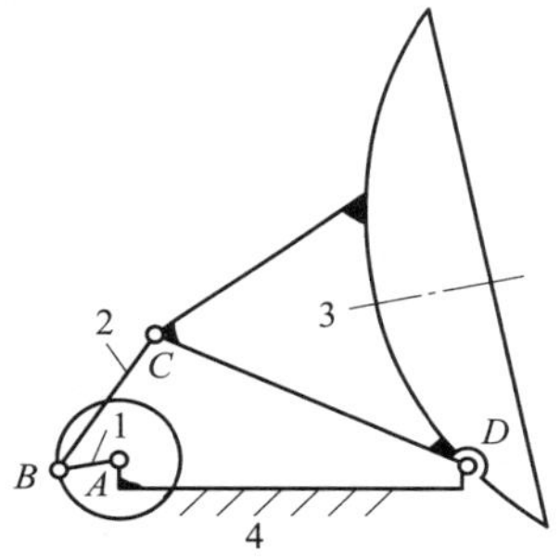 天线接收器		
2	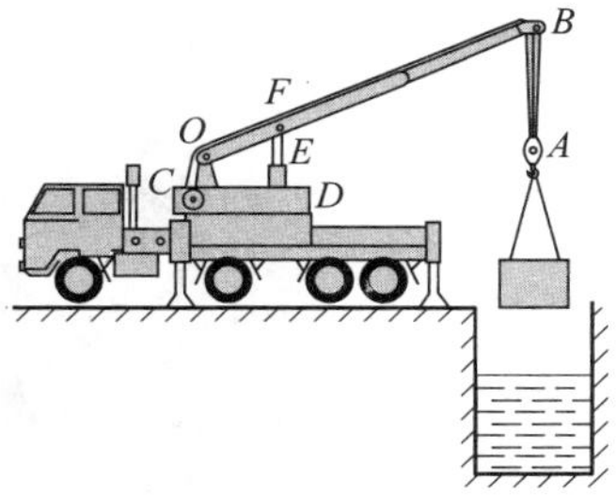 起重车		
3	 火车轮		

续表

序号	图示	连杆机构名称	动作描述
4	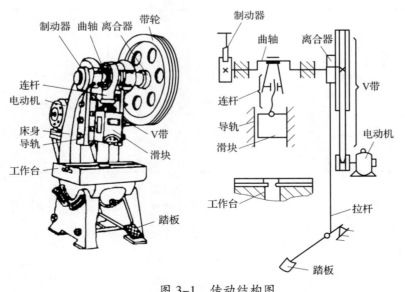 缝纫机		

5. 查阅相关资料，分析冲床机构的工作原理。

6. 独立分析如图 3-1 所示机构的工作原理，然后绘制如图 3-2 所示小冲床的连杆机构图。

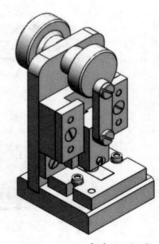

图 3-1　传动结构图

图 3-2　小冲床立体图

评价与分析

表 3-5　　　　　　　　　　　　　活动过程评价表

班级		姓名		学号		组别		日期	
序号	评价项目			完成情况记录		配分	小组评分	教师评分	总评
1	劳动保护用品穿戴整齐，着装符合要求，有违规行为不得分					4			
2	能独立准确完成表 3-1 的所有内容，有 1 处错漏扣 2 分					12			
3	能独立准确完成表 3-2 的所有内容，有 1 处错漏扣 2 分					12			
4	能独立准确完成表 3-3 的所有内容，有 1 处错漏扣 2 分					12			
5	能独立准确完成表 3-4 的所有内容，有 1 处错漏扣 2 分					24			
6	能准确描述冲床的工作原理并绘制其连杆机构示意图，有 1 处错漏扣 2 分					26			
7	能保证实训生产场地整洁，现场凌乱或没有做好收尾工作不得分					10			
小结建议									

学习活动 4 铣削加工底板、凹槽板、滑块

 **学习目标**

1. 能较为熟练地操作普通立式铣床。

2. 能正确分析立铣刀的结构、几何角度和切削角度，根据零件毛坯材料、切削用量、加工精度等参数，刃磨出符合切削要求的铣刀。

3. 能按图样技术要求独立完成底板、凹槽板、滑块的铣削加工。

4. 能规范操作普通立式铣床，合理使用切削液并严格遵守相关安全操作规程，熟练地进行设备保养及简单故障的排查和处理。

5. 能规范、熟练地使用游标卡尺、千分尺、塞尺、百分表等通用量具对零件进行检测，并判断其加工质量，分析误差产生的原因，优化加工方案。

6. 能在作业过程中严格执行企业操作规范、安全生产制度、环保管理制度以及"6S"管理规定，严格遵守从业人员的职业道德，具有吃苦耐劳、爱岗敬业的工作态度，精益求精的质量管控意识和职业责任感。

7. 能按"6S"管理规定和产品工艺流程要求，整理现场，正确放置工具、产品，并规范填写保养记录表。

建议学时：30 学时

 学习过程

1．编制零件加工工艺。

（1）分析底板图样，填写底板加工工艺卡。

1）分析底板图样，见表 4-1。

表 4-1　　　　　　　　　　　　　　分析底板图样　　　　　　　　　　　　　　　　mm

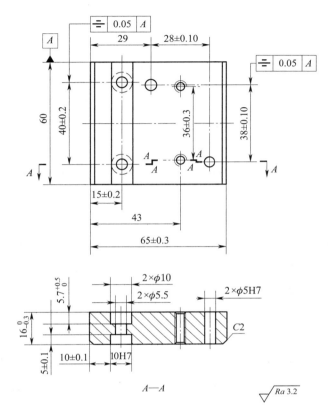

请绘制出底板的轴测图（可另附图）

加工结构		结构功能	加工要点	加工难点	测量方法
外形尺寸	65 ± 0.3				
	60				
	$16_{-0.3}^{0}$				
	C2				
压板槽	10H7				
	5 ± 0.1				
	10 ± 0.1				
沉头孔	$2 \times \phi 10$				
	$2 \times \phi 5.5$				
	$5.7_{0}^{+0.5}$				
	15 ± 0.2				
	40 ± 0.2				

加工结构		结构功能	加工要点	加工难点	测量方法
螺孔	2 × M5				
	43				
	36 ± 0.3				
销孔	2 × ϕ5H7				
	29				
	38 ± 0.1				
	28 ± 0.1				

2）填写底板加工工艺卡，见表 4-2。

表 4-2   底板加工工艺卡   mm

步骤	尺寸精度	工艺方法	需用工具、刀具、量具	测量基准面	备注

（2）分析凹槽板图样，填写凹槽板加工工艺卡。

1）分析凹槽板图样，见表4-3。

表4-3　　　　　　　　　　　　　　　　　　　分析凹槽板图样　　　　　　　　　　　　　　　　　　　mm

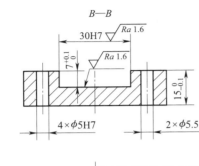

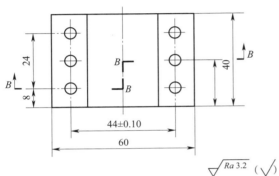

加工结构		结构功能	加工要点	加工难点	测量方法
外形尺寸	60				
	40				
	$15_{-0.1}^{0}$				
滑块槽	30H7				
	$7_{0}^{+0.1}$				
销钉孔	$4 \times \phi 5H7$				
	44 ± 0.1				
	24				
	8				
螺栓孔	$2 \times \phi 5.5$				
	20				
	44 ± 0.1				

请绘制出凹槽板的轴测图（可另附图）

2）填写凹槽板加工工艺卡，见表4-4。

表4-4　　　　　　　　　　　　　　　　　　　　凹槽板加工工艺卡　　　　　　　　　　　　　　　　　　　　mm

步骤	尺寸精度	工艺方法	需用工具、刀具、量具	测量基准面	备注

（3）分析滑块图样，填写滑块加工工艺卡。

1）分析滑块图样，见表4-5。

表4-5　　　　　　　　　　　　　　　　　　　　分析滑块图样　　　　　　　　　　　　　　　　　　　　mm

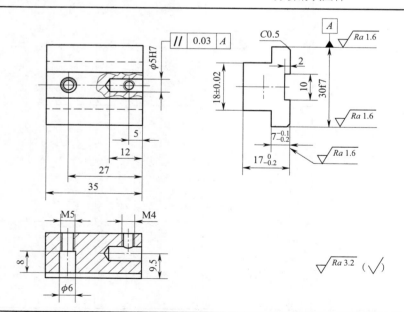

请绘制出滑块的轴测图（可另附图）

续表

加工结构		结构功能	加工要点	加工难点	测量方法
外形	30f7				
	$17_{-0.1}^{0}$				
	$Ra1.6$				
	35				
凸台	$7_{-0.2}^{-0.1}$				
	18 ± 0.2				
避位槽	10				
	2				
销孔	$\phi 5H7$				
	9.5				
	12				
	∥ 0.03 A				
M5 螺孔	M5				
	27				
沉孔	$\phi 6$				
	8				
	27				
M4 螺孔	M4				
	5				

2）填写滑块加工工艺卡，见表4-6。

表4-6　　　　　　　　　　　　　　　　滑块加工工艺卡　　　　　　　　　　　　　　　　mm

步骤	尺寸精度	工艺方法	需用工具、刀具、量具	测量基准面	备注

续表

步骤	尺寸精度	工艺方法	需用工具、刀具、量具	测量基准面	备注

2．根据工艺卡填写《物料借用表》，由小组长凭《物料借用表》到教师处领取所需的工具、刀具、量具，并填写表4-7。

表4-7　　　　　　　　　　　　　　　　　　物料借用表

序号	物料名称	规格	数量	领用人	归还人

3．巩固安全文明生产、设备结构、铣刀、工件装夹、铣床操作技能和保养等技术要点。

（1）观察图4-1，请指出哪些是违规操作？应该如何进行纠正？

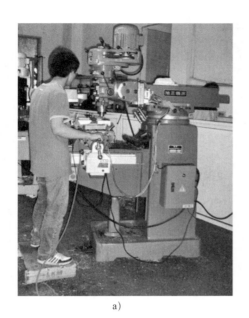

b)

c)

a)

图 4-1 铣床操作

（2）立式铣床的功能有哪些？其最高加工精度（表面粗糙度、尺寸精度）是多少？

（3）观察图 4-2，请描述铣床的结构组成和其操纵手柄的功能，然后在铣床上操作各手柄。

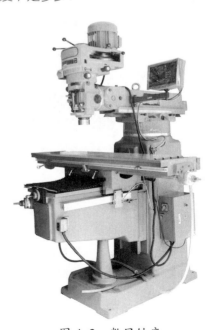

图 4-2 数显铣床

（4）在铣削底板两个大平面时，还有 7.2 mm 的切削余量，现在有一把 ϕ12 mm 和一把 ϕ10 mm 立铣刀，应该选择哪一把铣刀更为合理？粗加工与精加工时的切削用量应该如何选择？请初步制定一个合理的加工方案。

（5）通过参观生产现场和查阅相关资料，铣床的保养细则及注意事项都有哪些？

（6）写出如图 4-3 所示各类铣刀的名称，完成本任务需要哪几类铣刀，说明选择的原因。

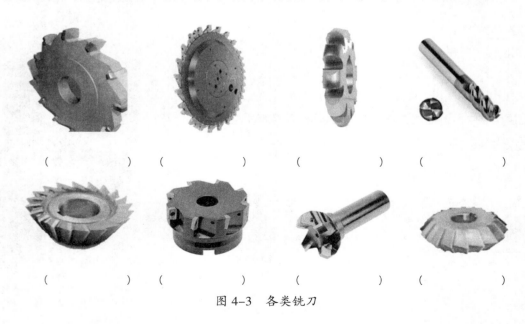

（　　　　　）　　（　　　　　）　　（　　　　　）　　（　　　　　）

（　　　　　）　　（　　　　　）　　（　　　　　）　　（　　　　　）

图 4-3　各类铣刀

（7）在铣削加工过程中，通过检查发现底板的窄边与大平面不垂直，请分析造成这种情况的原因，并找出解决办法。

（8）观察图4-4，查阅相关资料，想一想使用平口钳装夹方形体和圆柱体可以限制几个自由度。牢固夹紧工件需要注意哪些方面的问题？

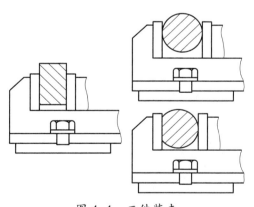

图4-4　工件装夹

（9）铣削加工滑块凸台时发现凸台内凹角为 93.5°，而且凸台边与端面不垂直。参照图 4-5，试分析造成这种情况的原因。

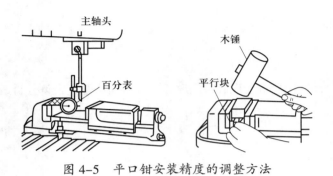

图 4-5　平口钳安装精度的调整方法

（10）根据图 4-6 所示的铣削情况，分别判断哪些部位是周铣？哪些部位是端铣？哪些部位是混合铣？

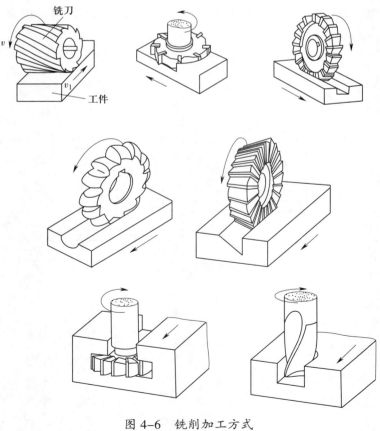

图 4-6　铣削加工方式

（11）如图4-7所示，分析立铣刀工作部分的结构，同时发挥空间想象力，分析立铣刀的切削角度。立铣刀刀尖与主切削刃磨损后，加工时会出现哪些问题？采用周铣时，立铣刀周刃磨损会影响加工精度吗？应该如何解决？

图4-7　铣刀

（12）相对于工件的进给方向和铣刀的旋转方向有顺铣和逆铣两种方式，在实际加工时应该如何选择？

4．零件加工精度检测。

检测记录表总分为100分，以小组为单位互换进行检测，以图样为标准。

（1）填写底板加工精度检测记录表，见表4-8。

表4-8　　　　　　　　　　　　　　底板加工精度检测记录表　　　　　　　　　　　　　　mm

	加工项目		评估内容和描述	检测结果记录	配分	得分
1	外形	65 ± 0.3	超差不得分		5	
2		60	按自由尺寸精度要求，超差不得分		3	
3		$16_{-0.3}^{0}$	厚度应均匀，有较高的平面度，超差不得分		5	
4		C2	按自由尺寸精度要求，出现毛刺影响美观不得分		3	
5	压板槽	10H7	按尺寸精度要求，严格控制与基准面的平行度和表面粗糙度，超差不得分		10	
6		5 ± 0.1	超差无法装配不得分		5	
7		10 ± 0.1	超差无法装配不得分		5	
8	沉头孔	$2 \times \phi 10$	超差无法装配不得分		5	
9		$2 \times \phi 5.5$	超差无法装配不得分		5	
10		$5.7_{0}^{+0.5}$	超差无法装配不得分		5	
11		15 ± 0.2	超差无法装配不得分		5	
12		40 ± 0.2	超差无法装配不得分		5	
13	螺纹孔	$2 \times M5$	超差无法装配不得分		8	
14		43	超差无法装配不得分		4	
15		36 ± 0.3	超差无法装配不得分		4	
16	销孔	$2 \times \phi 5H7$	装配完配钻，要求有较高的重复定位，与销钉有少量过盈配合。超差无法装配不得分		8	
17		29	超差无法装配不得分			
18		38 ± 0.1	超差无法装配不得分		5	
19		28 ± 0.1	超差无法装配不得分		5	
20	安全文明生产		1. 出现第一次违规行为严重警告并进行教育，出现第二次违规行为暂停生产 2. 生产现场的物料、工具、量具等物品应摆放整齐，能及时清理产生的切屑和垃圾 3. 生产现场不得喧闹，讨论问题时不要大声争吵		5	

（2）填写凹槽板加工精度检测记录表，见表4-9。

表4-9　　　　　　　　　　　　　　凹槽板加工精度检测记录表　　　　　　　　　　　　　mm

凹板精度检测记录表					
序号	加工项目		评估内容和描述	检测结果记录	配分	得分
1	外形	50	采用直角尺检测垂直度和平面度，超差不得分		5	
2		40	采用直角尺检测垂直度和平面度，超差不得分		5	
3		$10_{-0.1}^{0}$	控制好厚度和两面的平行度，超差不得分		10	
4	销孔	$4 \times \phi 5H7$	与销连接为过盈连接，保证销孔与端面垂直，超差不得分		16	
5		8	能顺畅安装定位销，与底板侧边对齐，无明显错位，无法安装不得分		5	
6		44 ± 0.1	超差不得分		8	
7		24	无法安装不得分		5	
8	螺栓孔	$4 \times \phi 5.5$	无法安装不得分		12	
9		44 ± 0.1	无法安装不得分		5	
10		20	无法安装不得分		3	
11	凹槽	30H7	以中心线为基准对称，安装时产生错位不得分		10	
12		$7_{0}^{+0.1}$	超差及无法安装不得分		6	
13	安全文明生产		1. 出现第一次违规行为严重警告并进行教育，出现第二违规行为暂停生产 2. 生产现场的物料、工具、量具等物品摆放整齐，能及时清理产生的切屑和垃圾 3. 生产现场不得喧闹，讨论问题时不要大声争吵		10	

（3）填写滑块加工精度检测记录表，见表4-10。

表4-10　　　　　　　　　　　　　　滑块加工精度检测记录表　　　　　　　　　　　　　mm

序号	加工项目		评估内容和描述	检测结果记录	配分	得分
1	外形	30f7	超差不得分		10	
2		$17_{-0.1}^{0}$	超差不得分		5	
3		$Ra1.6$	降低1级扣2分，降低2级及以下不得分		5	
4		35	无法安装不得分		3	
5	凸台	$7_{-0.2}^{-0.1}$	超差不得分		5	
6		18 ± 0.2	超差不得分		5	

续表

序号	加工项目		评估内容和描述	检测结果记录	配分	得分
7	避位槽	10	无法安装不得分		2	
8		2	无法安装不得分		5	
9	销钉孔	$\phi 5H7$	因超差致使定位销连接松动不得分		5	
10		9.5	无法安装不得分		5	
11		12	无法安装不得分		5	
12		⫽ 0.03 A	超差不得分		5	
13	螺孔	M5	无法安装不得分		5	
14		27	无法安装不得分		5	
15		$\phi 6$	无法安装不得分		5	
16		8	无法安装不得分		5	
17	螺孔	M4	无法安装不得分		5	
18		5	无法安装不得分		5	
19	安全文明生产		1. 出现第一次违规行为严重警告并进行教育，出现第二次违规行为暂停生产 2. 生产现场的物料、工具、量具等物品摆放整齐，能及时清理产生的切屑和垃圾 3. 生产现场不得喧闹，讨论问题时不要大声争吵		10	

5. 加工质量反馈与修整

根据检测记录表的情况，进行归纳和分类，符合要求的和不符合要求的要分开，对不符合要求的零件提出修整方案，并填写修整方案表，然后再进行重新加工或修整。

（1）填写底板修整方案表，见表 4-11。

表 4-11　　　　　　　　　　　　　　　底板修整方案表　　　　　　　　　　　　　　　mm

序号	超差结构	检测结果	超差原因	修整方案（重新加工或修整）	修整后情况

（2）填写凹槽板修整方案表，见表4-12。

表4-12   凹槽板修整方案表   mm

序号	超差结构	检测结果	超差原因	修整方案（重新加工或修整）	修整后情况

（3）填写滑块修整方案表，见表4-13。

表4-13   滑块修整方案表   mm

序号	超差结构	检测结果	超差原因	修整方案（重新加工或修整）	修整后情况

评价与分析

1．填写底板质量评价表，见表4-14。

表4-14   底板质量评价表（总评 = 小组评分40%+ 教师评分60%）

班级		姓名		学号		组别		日期	
序号	评价项目			完成情况记录		配分	小组评分	教师评分	总评
1	劳动保护用品穿戴整齐，着装符合要求					5			
2	外形加工质量					15			
3	螺孔加工质量					10			

续表

序号	评价项目	完成情况记录	配分	小组评分	教师评分	总评
4	铰孔加工质量		10			
5	槽 10H7 加工质量		10			
6	台阶孔加工质量		10			
7	能按时完成任务		10			
8	操作动作规范		10			
9	安全文明生产		10			
10	生产场地整洁		10			
小结 建议						

2．填写凹槽板质量评价表，见表 4-15。

表 4-15　　　　　凹槽板质量评价表（总评 = 小组评分 40%+ 教师评分 60%）

班级		姓名		学号		组别		日期	

序号	评价项目	完成情况记录	配分	小组评分	教师评分	总评
1	劳动保护用品穿戴整齐，着装符合要求		5			
2	外形结构加工质量		20			
3	内凹槽结构加工质量		15			
4	通孔加工质量		10			
5	铰孔加工质量		10			
6	能按时完成任务		10			
7	操作动作规范		10			
8	安全文明生产		10			
9	生产场地整洁		10			
小结 建议						

3．填写滑块质量评价表，见表 4-16。

表 4-16　　　　　　　　　滑块质量评价表（总评 = 小组评分 40%+ 教师评分 60%）

班级		姓名		学号		组别		日期	
序号	评价项目		完成情况记录		配分	小组评分	教师评分	总评	
1	劳动保护用品穿戴整齐，着装符合要求				5				
2	外形结构加工质量				10				
3	螺纹孔加工质量				6				
4	铰孔加工质量				10				
5	圆孔加工质量				4				
6	凹槽加工质量				10				
7	凸台加工质量				15				
8	能按时完成任务				10				
9	操作动作规范				10				
10	安全文明生产				10				
11	生产场地整洁				10				
小结建议									

学习活动 5　车削加工手轮、手轮轴、螺钉

学习目标

　　1．能根据零件图样的技术要求，通过查阅相关资料，制定轴类零件的加工工艺，完成加工工艺卡的填写，并理解产品加工工艺在生产中的重要性。

　　2．能严格遵守车床安全操作规程进行操作，合理使用切削液。

　　3．能正确分析车刀的结构、几何角度和切削角度，刃磨出符合切削要求的车刀。

　　4．能根据零件毛坯材料、切削用量、加工精度等参数，按图样技术要求独立完成手轮、手轮轴、螺钉的车削加工。

　　5．能按车床设备的保养手册进行保养，独立进行简单故障的排查和处理。

　　6．能规范、熟练地使用游标卡尺、千分尺、百分表等量具，对零件进行检测并判断其加工质量，分析误差产生的原因，并调整精度达到符合技术要求。

　　7．能在作业过程中严格执行企业操作规范、安全生产制度、环保管理制度以及"6S"管理规定，严格遵守从业人员的职业道德，具有吃苦耐劳、爱岗敬业的工作态度，精益求精的质量管控意识和职业责任感。

　　8．能按"6S"管理规定和产品工艺流程要求，整理现场，正确放置工具、产品，并规范填写保养记录表。

　　建议学时：24 学时

学习过程

1．分析图样并填写加工工艺卡。

（1）分析手轮图样，填写手轮加工工艺卡。

1）分析手轮图样，见表 5-1。

表 5-1　　　　　　　　　　　　　　　　　分析手轮图样　　　　　　　　　　　　　　　　　　mm

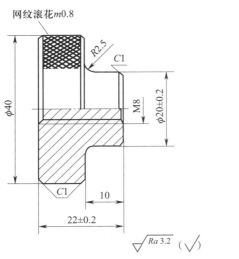

		请绘制出手轮的轴测图（可另附图）

网纹滚花 *m*0.8

$\sqrt{Ra\ 3.2}$ ($\sqrt{}$)

精度要求		结构功能	如何加工	如何测量	加工难点结构
外形尺寸	$\phi 40$				
	22 ± 0.2				
	网纹滚花 *m*0.8				
	C1				
凸台	$\phi 20 \pm 0.2$				
	10				
	R2.5				
	C1				
螺纹孔	M8				

2）填写手轮加工工艺卡，见表 5-2。

表 5-2　　　　　　　　　　　　　　　　　手轮加工工艺卡　　　　　　　　　　　　　　　　　mm

步骤	尺寸精度	工艺方法	需用工具、刀具、量具	测量基准面	备注

续表

步骤	尺寸精度	工艺方法	需用工具、刀具、量具	测量基准面	备注

（2）分析手轮轴图样，填写手轮轴加工工艺卡。

1）手轮轴工艺分析，见表5-3。

表5-3　　　　　　　　　　　　　　　手轮轴工艺分析　　　　　　　　　　　　　　　mm

	请绘制出手轮轴的轴测图（可另附图）
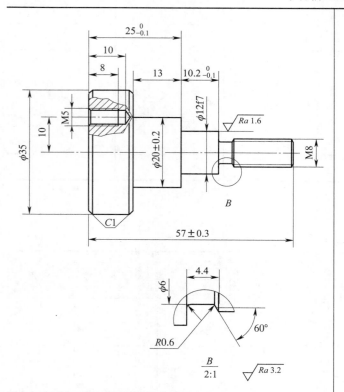	

续表

加工结构		结构功能	加工要点	加工难点	测量方法
外形尺寸	$\phi35$				
	57 ± 0.3				
	$C1$				
台阶一	$\phi20 \pm 0.2$				
	$25_{-0.1}^{0}$				
	13				
台阶二	$\phi12f7$				
	$10.2_{-0.1}^{0}$				
退刀槽	$\phi6$				
	4.4				
	$R0.6$				
	$60°$				
外螺纹	M8				
螺纹孔	M5				
	10（两处）				
	8				

2）填写手轮轴加工工艺卡，见表5-4。

表5-4　　　　　　　　　　　　　　　　手轮轴加工工艺卡　　　　　　　　　　　　　　　　mm

步骤	尺寸精度	工艺方法	需用工具、刀具、量具	测量基准面	备注

续表

步骤	尺寸精度	工艺方法	需用工具、刀具、量具	测量基准面	备注

（3）分析螺钉图样，填写螺钉加工工艺卡。

1）螺钉工艺分析，见表5–5。

表5–5　　　　　　　　　　　　　　　　　　　螺钉工艺分析　　　　　　　　　　　　　　mm

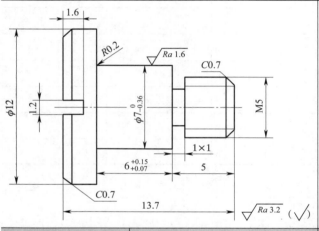

请绘制出螺钉的轴测图（可另附图）

加工结构		结构功能	加工要点	加工难点	测量方法
外形尺寸	$\phi12$				
	13.7				
台阶轴	$\phi7_{-0.36}^{0}$				
	$6_{+0.07}^{+0.15}$				
	R0.2				
退刀槽	1×1				
外螺纹	M5				
	5				
	C0.7				
方槽	深1.6				
	宽1.2				

2）填写螺钉加工工艺卡，见表5-6。

表5-6　　　　　　　　　　　　　　　　　　螺钉加工工艺卡　　　　　　　　　　　　　　　　　　　mm

步骤	尺寸精度	工艺方法	需用工具、刀具、量具	测量基准面	备注

2．根据加工工艺卡填写《物料借用表》，由小组长凭《物料借用表》到教师处领取所需的工具、刀具、量具，见表5-7。

表5-7　　　　　　　　　　　　　　　　　　物料借用表

序号	物料名称	规格	数量	领用人	归还人

3．巩固安全文明生产、设备结构、车刀、工件装夹、车床操作技能和保养等技术要点。

（1）查阅相关资料，车削加工安全操作规程的主要内容有哪些？

（2）普通车床可以加工的形状和结构有哪些？其加工精度一般为多少？表面粗糙度值一般为多少？

（3）参照生产现场和实际车床补充图5-1未标注名称的手柄。

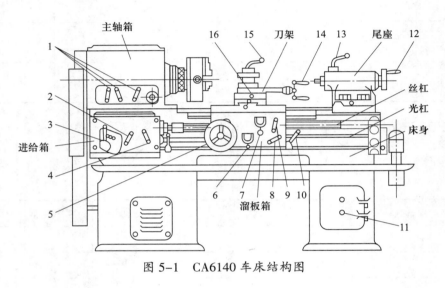

图 5-1　CA6140 车床结构图

（4）查阅相关资料，车床日常保养的内容都有哪些？

（5）写出如图 5-2 所示各类车刀的名称，完成本任务需要选择哪些车刀？说明选择的原因。

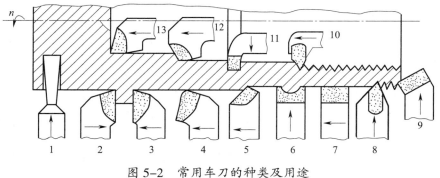

图 5-2　常用车刀的种类及用途

（6）查阅相关资料，观察图 5-3，分析车刀切削部分的结构，同时发挥空间想象力，尝试分析不同的切削角度、主切削刃和刀尖磨损后，会给切削加工带来哪些影响？在分别进行粗加工和精加工时，刀尖、刀刃、切削角度有哪些区别？请分别刃磨一把粗加工和一把精加工的 90° 外圆车刀。

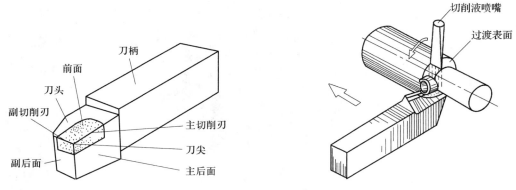

图 5-3　车刀切削部分

（7）在车削加工圆形类零件时，用于装夹零件的夹具为三爪卡盘，其装夹工件能限制几个自由度？棒料常采用的装夹方式有哪些？

（8）分析图5-4，写出测量同轴度、圆柱度，在加工中哪些因素会影响这两个精度？哪些因素会影响尺寸精度及表面粗糙度值？

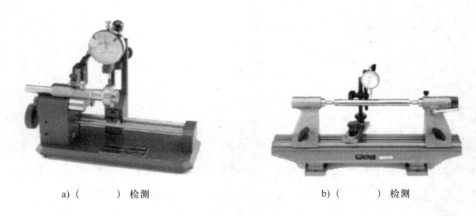

a)（　　）检测　　　　　　　　　　　b)（　　）检测

c)（　　）检测

图5-4　测量同轴度、圆柱度

（9）在车削加工螺钉时，毛坯直径为 55 mm，请分析需要用哪些车刀？粗加工与精加工时的切削用量应该如何选择？请初步制定出一个合理的加工方案（提示：防止螺纹部分产生弯曲变形）。

（10）如何选择滚花刀？简述滚花的操作步骤。

4．零件加工精度检测。

填写检测记录表，总分为 100 分，以小组为单位互换进行检测，以图样为标准。

（1）填写手轮精度检测记录表，见表 5-8。

表 5-8　　　　　　　　　　　　　　手轮精度检测记录表　　　　　　　　　　　　　　　　　mm

序号	加工项目		评估内容和描述	检测结果记录	配分	得分
1	外形尺寸	$\phi 40$	超差不得分		10	
2		22 ± 0.2	超差不得分		10	
3		网纹滚花 $m0.8$	超差不得分		20	
4		C1	超差不得分		5	

续表

序号	加工项目		评估内容和描述	检测结果记录	配分	得分
5	凸台	$\phi20\pm0.2$	超差不得分		10	
6		10	超差不得分		5	
7		$R2.5$	超差不得分		5	
8		$C1$	超差不得分		5	
9	螺纹	M8	控制外圆柱的同轴度，测量有误差不得分		20	
10	安全文明生产		1. 出现第一次违规行为严重警告并进行教育，出现第二次违规行为暂停生产 2. 生产现场物料、工具、量具等摆放整齐，能及时清理产生的切屑和垃圾 3. 生产现场不得喧闹，讨论问题时不要大声争吵		10	

（2）填写手轮轴精度检测记录表，见表5-9。

表5-9　　　　　　　手轮轴精度检测记录表　　　　　　mm

	加工项目		评估内容和描述	检测结果记录	配分	得分
1	外形尺寸	$\phi35$	超差不得分		3	
2		57 ± 0.3	超差不得分		6	
3		$C1$	超差不得分		4	
4	台阶一	$\phi20\pm0.2$	超差不得分		5	
5		$25_{-0.1}^{0}$	安装间隙过大，超差不得分		5	
6		13	安装间隙过大，超差不得分		3	
7	台阶二	$\phi12f7$	与立板孔配合间隙合理，转动顺畅，超差不得分		15	
8		$10.2_{-0.1}^{0}$	与立板孔配合间隙合理，转动顺畅，超差不得分		10	
9	退刀槽	$\phi6$	超差不得分		3	
10		4.4	超差不得分		3	
11		$R0.6$	超差不得分		3	
12		60°	超差不得分		3	
13	螺纹	M8	安装拧紧时有阻滞现象扣2分，无法安装不得分		8	
14	螺孔	M5	安装拧紧时有阻滞现象扣2分，无法安装不得分		6	

加工项目		评估内容和描述	检测结果记录	配分	得分
15	螺孔 孔深10	无法安装不得分		5	
16	螺孔 孔深8	无法安装不得分		4	
17	孔距10	拧紧螺钉有阻滞现象扣2分，无法安装不得分		4	
18	安全文明	1. 出现第一次违规行为严重警告并进行教育，出现第二次违规行为暂停生产 2. 生产现场的物料、工具、量具等物品摆放整齐，能及时清理产生的切屑和垃圾 3. 生产现场不得喧闹，讨论问题时不得大声争吵		10	

5．质量反馈与修整。

根据检测记录表的情况，进行归纳和分类，符合要求的和不符合要求的要分开，对不符合要求的零件提出修整方案，并填写修整方案表，然后再进行重新加工或修整。

（1）填写手轮修整方案表，见表5-10。

表5-10　　　　　　　　　　手轮修整方案表　　　　　　　　　　mm

序号	超差结构	检测结果	超差原因	修整方案（重新加工或修整）	修整后情况

（2）填写手轮轴修整方案表，见表5-11。

表5-11　　　　　　　　　　手轮轴修整方案表　　　　　　　　　　mm

序号	超差结构	检测结果	超差原因	修整方案（重新加工或修整）	修整后情况

评价与分析

1．填写手轮评价表，见表 5-12。

表 5-12　　　　　　　　手轮评价表（总评 = 小组评分 40%+ 教师评分 60%）

班级		姓名		学号		组别		日期	
序号	评价项目		完成情况记录		配分	小组评分	教师评分	总评	
1	劳动保护用品穿戴整齐，着装符合要求				5				
2	外圆柱加工质量				15				
3	滚花加工质量				6				
4	长度加工质量				10				
5	倒角加工质量				4				
6	倒圆加工质量				10				
7	螺孔加工质量				10				
8	能按时完成任务				10				
9	操作动作规范				10				
10	安全文明生产				10				
11	生产场地整洁				10				
小结建议									

2．填写手轮轴评价表，见表 5-13。

表 5-13　　　　　　　　手轮轴评价表（总评 = 小组评分 40%+ 教师评分 60%）

班级		姓名		学号		组别		日期	
序号	评价项目		完成情况记录		配分	小组评分	教师评分	总评	
1	劳动保护用品穿戴整齐，着装符合要求				5				
2	外圆加工质量				15				
3	内螺纹加工质量				6				
4	外螺纹加工质量				10				
5	倒角加工质量				4				

续表

序号	评价项目	完成情况记录	配分	小组评分	教师评分	总评
6	退刀槽加工质量		4			
7	长度加工质量		16			
8	能按时完成任务		10			
9	操作动作规范		10			
10	安全文明生产		10			
11	生产场地整洁		10			
小结建议						

3．填写活动过程评价记录表，见表5-14。

表5-14　　　　　　　　　　　　　　活动过程评价记录表

零件名称	成员名单	得分	检测报告	检测人
手轮				
手轮轴				

学习活动6 手工加工立板、凹板

 **学习目标**

1. 能看懂零件结构的图样。

2. 能根据零件图样、零件尺寸、加工余量、加工精度、加工面的形状及材料硬度等条件正确选择锉刀，并制定合理的加工工艺。

3. 能在锉削加工精度超差时，及时发现问题并提出合理的解决方案。

4. 能熟练操作台式钻床进行钻孔，根据钻孔尺寸及钻削零件材料调整钻床转速，合理使用切削液，学会配钻的技能。

5. 能准确控制钻孔的中心位置。

6. 能根据螺纹孔及铰孔直径确定其底孔直径，独立完成钻头的修磨和冲床各零件的孔加工。

7. 能掌握两个零件以上配合锉削的加工方法。

8. 能规范使用量具准确检测加工精度。

9. 能严格遵守安全生产规章制度和文明生产的有关要求，保持工作场地整洁。

建议学时：30学时

 学习过程

1．分析图样，制定加工工艺卡。

（1）分析立板图样，填写立板加工工艺卡。

1）分析立板图样，见表6-1。

表 6-1　　　　　　　　　　　　　　分析立板图样　　　　　　　　　　　　　　　　mm

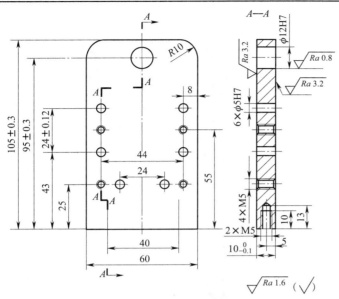

1. 请分析立板在冲床设备中所起的作用

2. 如何确保各螺孔、定位销孔的位置精度

加工结构		结构功能	加工要点	加工难点	测量方法
外形尺寸	105 ± 0.3				
	60				
	$R10$				
	$10_{-0.1}^{0}$				
轴孔	$\phi 12H7$				
	95 ± 0.3				
	$Ra0.8$				
销孔	$6 \times \phi 5H7$				
	25				
	24				
	43				
	44				
	24 ± 0.12				
立板固定螺孔	$2 \times M5$				
	40				
	5				
	10				
	13				
通孔螺孔	$4 \times M5$				
	25				
	44				
	55				

2）填写立板加工工艺卡，见表6-2。

表6-2　　　　　　　　　　　　　　　　立板加工工艺卡　　　　　　　　　　　　　　　　mm

步骤	工艺尺寸	工艺方法	需用工具、刀具、量具	测量基准面	备注

（2）分析凹板图样，填写凹板加工工艺卡。

1）分析凹板图样，见表6-3。

表6-3　　　　　　　　　　　　　　　　分析凹板图样　　　　　　　　　　　　　　　　mm

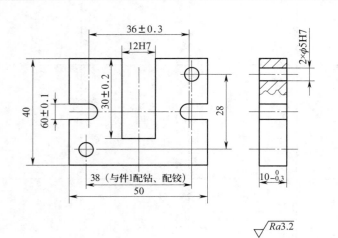

请分析凹板在冲床设备中所起的作用

为何销孔需要与其他连接件配合加工

续表

尺寸精度	需要进行精加工的原因	如何加工	如何测量	加工难点
36 ± 0.3				
30 ± 0.2				
$10_{-0.3}^{0}$				
$2 \times \phi 5H7$				
6 ± 0.1				
$12H7$				

2）填写凹板加工工艺卡，见表6-4。

表6-4　　　　　　　　　　　　　　凹板加工工艺卡　　　　　　　　　　　　　　mm

步骤	工艺尺寸	工艺方法	需用工具、刀具、量具	测量基准面	备注

2．根据加工工艺卡填写《物料借用表》，由小组长凭《物料借用表》到教师处领取所需的工具、刀具、量具，见表6-5。

表6-5　　　　　　　　　　　　　　物料借用表

序号	物料名称	规格	数量	领用人	归还人

续表

序号	物料名称	规格	数量	领用人	归还人

3．加工零件。

须认真按加工工艺卡进行加工，每完成一步并保证精度后才能进行下一步操作。

（1）根据钻孔直径大小选择转速并调整转速，查阅相关资料后进行分析，分别在 Q235 和 Cr12 工件上钻 $\phi 3$ mm、$\phi 6$ mm、$\phi 12$ mm 的孔，钻床的转速应分别是多少？选择转速的依据是什么？

（2）锉刀的选用。

1）现在锉削（6±0.1）mm 的槽，需要用什么工具和量具？加工时如何保证（36±0.3）mm 的尺寸精度？

2）当加工余量还有 0.12 mm，表面粗糙度 Ra 值要求为 3.2 μm 时，选用什么锉刀比较合理？

（3）钻孔直径的确定。

1）加工立板时，需要攻制 M5 螺纹孔，如何确定需要钻多大的底孔？假如现在需要攻制 M12 螺纹孔，底孔应该钻多少？将加工信息填写到表 6-6 中。

表 6-6　　　　　　　　　　　　　　　　　　　　加工立板　　　　　　　　　　　　　　　　　　　mm

序号	螺纹孔公称直径	攻螺纹前底孔直径	记录人	备注

2）加工凹板时，需要加工直径为 $\phi 5H7$ 的孔，查阅相关资料，$\phi 5H7$ 的含义是什么？钻孔的直径应为多少？现需要加工 $\phi 12H7$ 的孔，钻孔的直径应为多少？将加工信息填写到表 6-7 中。

表 6-7　　　　　　　　　　　　　　　　　　　　加工凹板　　　　　　　　　　　　　　　　　　　mm

序号	铰孔直径	铰孔前底孔直径	记录人	备注

3）两个圆弧中心距的测量方法有哪几种？在凹板制作中两个圆弧中心距为（36±0.3）mm，应该采用哪种方法进行测量？

4．零件加工精度检测。

填写精度检测记录表，总分为100分，以小组为单位互换进行检测，以图样为标准。

（1）填写立板精度检测记录表，见表6-8。

表6-8 立板精度检测记录表 mm

序号	加工项目		评估内容和描述	检测结果记录	配分	得分
1	外形尺寸	105 ± 0.3	超差不得分		5	
2		60	超差不得分		3	
3		$10_{-0.1}^{0}$	超差不得分		5	
4		$R10$	采用半径样板检测，出现棱角及超差不得分		2	
5		$Ra3.2$	超差不得分		3	
6		$Ra1.6$	超差不得分		3	
7	轴孔	$\phi12H7$	与端面垂直，与两侧边对称，与手轮轴配合间隙超 0.01 mm 扣 5 分，配合间隙超 0.02 mm 不得分		6	
8		95 ± 0.3	无法安装不得分		5	
9		$Ra0.8$	超差不得分		6	
10	销孔	$6 \times \phi5H7$	超差不得分		12	
11		25	无法安装不得分		2	
12		24	无法安装不得分		2	
13		43	无法安装不得分		2	
14		44	无法安装不得分		2	
15		24 ± 0.12	超差不得分		4	
16	立板固定螺孔	$2 \times M5$	无法安装不得分		6	
17		40	无法安装不得分		2	
18		5	无法安装不得分		2	

续表

序号	加工项目		评估内容和描述	检测结果记录	配分	得分
19	立板固定螺孔	10	无法安装不得分		2	
20		13	无法安装不得分		2	
21	通孔螺孔	4×M5	无法安装不得分		8	
22		25	无法安装不得分		2	
23		44	无法安装不得分		2	
24		55	无法安装不得分		2	
25	安全文明生产		1. 出现第一次违规行为严重警告并进行教育，出现第二次违规行为暂停生产 2. 生产现场的物料、工具、量具等物品摆放整齐，能及时清理产生的切屑和垃圾 3. 生产现场不得喧闹，讨论问题时不得大声争吵		10	

（2）填写凹板精度检测记录表，见表6-9。

表6-9　　　　　　　　　　　　凹板精度检测记录表　　　　　　　　　　　　　mm

序号	加工项目		评估内容和描述	检测结果记录	配分	得分
1	外形	50	目测与相邻面应垂直，需要采用直角尺检测角度和平面度，尺寸要求按自由尺寸公差进行，目测有误差不得分		5	
2		40	同上		5	
3		$10_{-0.3}^{0}$	控制好厚度和两面的平行度，目测有误差不得分		10	
4	孔加工	$2×\phi5H7$	与销连接为过盈连接，保证销孔与端面垂直，如为间隙配合不得分，目测有偏角不得分		15	
5		38、28	能顺畅安装定位销，与底板侧边对齐，无明显错位，无法安装不得分		10	
6	凹槽	6±0.1（2处）	与端面垂直，没有明显的偏斜，尺寸按图样进行，尺寸超差不得分，目测产生斜角不得分		10	
7		36±0.3	以12H7凹槽的中心线为基准控制对称度，安装时产生错位不得分		10	
8		12H7	宽度方向对称，不能有明显偏移，超差0.01扣2分，无法工作不得分		20	
9		30±0.2	与端面垂直，没有明显的偏斜，尺寸按图样进行，目测产生偏角不得分，尺寸超差不得分		15	

5．质量反馈与修整。

根据检测记录表的情况，进行归纳和分类，符合要求的和不符合要求的分开，对不符合要求的零件提出修整方案，并填写修整方案表，然后再进行重新加工或修整。

（1）填写立板修整方案表，见表6-10。

表6-10　　　　　　　　　　　　　　　　立板修整方案表　　　　　　　　　　　　　　　　　　　mm

序号	超差结构	检测结果	超差原因	修整方案（重新加工或修整）	修整后情况

（2）填写凹板修整方案表，见表6-11。

表6-11　　　　　　　　　　　　　　　　凹板修整方案表　　　　　　　　　　　　　　　　　　　mm

序号	超差结构	检测结果	超差原因	修整方案（重新加工或修整）	修整后情况

 评价与分析

1．填写立板评价表，见表6-12。

表6-12　　　　　　　　　立板评价表（总评＝小组评分40%+教师评分60%）

班级		姓名		学号		组别		日期	
序号	评价项目			完成情况记录		配分	小组评分	教师评分	总评
1	劳动保护用品穿戴整齐，着装符合要求					5			
2	平面加工质量					20			

序号	评价项目	完成情况记录	配分	小组评分	教师评分	总评
3	圆弧加工质量		8			
4	螺纹孔加工质量		12			
5	铰孔加工质量		15			
6	能按时完成任务		10			
7	操作动作规范		10			
8	安全文明生产		10			
9	生产场地整洁		10			
小结建议						

2．填写凹板评价表，见表6-13。

表6-13　　　　　　　　凹板评价表（总评＝小组评分40%＋教师评分60%）

班级		姓名		学号		组别		日期	
序号	评价项目		完成情况记录		配分	小组评分	教师评分	总评	
1	劳动保护用品穿戴整齐，着装符合要求				5				
2	外形平面加工质量				22				
3	内凹槽加工质量				12				
4	铰孔加工质量				6				
5	位置精度加工质量				10				
6	能按时完成任务				15				
7	操作动作规范				10				
8	安全文明生产				10				
9	生产场地整洁				10				
小结建议									

3．活动过程评价记录表，见表 6-14。

表 6-14   活动过程评价记录表

零件名称	成员名单	得分	检测报告	检测人
立板				
凹板				

学习活动 7 手工加工导向板、盖板

 学习目标

1. 能看懂零件结构的图样。

2. 能根据零件图样、零件尺寸、加工余量、加工精度、加工面的形状及材料硬度等条件正确选择锉刀，并制定合理的加工工艺。

3. 能正确选择合适的锉刀进行零件加工，并达到精度要求。

4. 能掌握好采用麻花钻改磨锪孔钻的要求及操作方法，并刃磨出符合锪孔要求的锪孔钻。

5. 能合理选择锪孔的转速，合理使用切削液，规范操作台式钻床锪出符合标准的台阶孔。

6. 能规范使用量具，准确检测零件的加工精度。

7. 能掌握两个零件以上配合加工的方法。

8. 能严格遵守安全生产规章制度和文明生产的有关要求，保持工作场地整洁。

建议学时：24 学时

 学习过程

1. 分析图样，制定加工工艺卡。

（1）分析导向板图样，填写导向板加工工艺卡。

1）分析导向板图样，见表 7-1。

表 7-1　　　　　　　　　　　　　　　　　分析导向板图样　　　　　　　　　　　　　　　　　mm

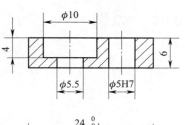

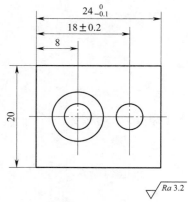

1．请分析导向板在冲床设备中所起的作用

2．为何销孔需要与其他连接件配合加工？安装时应注意哪些问题

加工结构		结构功能	加工要点	加工难点	测量方法
外形尺寸	18 ± 0.2				
	$24_{-0.1}^{0}$				
	6				
销孔	$\phi 5H7$				
	18 ± 0.2				
台阶孔	$\phi 10$				
	$\phi 5.5$				
	8				
	4				

2）填写导向板加工工艺卡，见表 7-2。

表 7-2　　　　　　　　　　　　　　　　　导向板加工工艺卡　　　　　　　　　　　　　　　　　mm

步骤	尺寸精度	工艺方法	需用工具、刀具、量具	测量基准面	备注

步骤	尺寸精度	工艺方法	需用工具、刀具、量具	测量基准面	备注

（2）分析盖板图样，填写盖板加工工艺卡。

1）分析盖板图样，见表 7–3。

表 7–3　　　　　　　　　　　　　　　　分析盖板图样　　　　　　　　　　　　　　　　　　mm

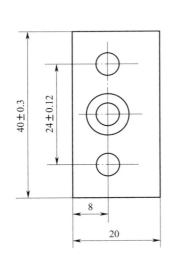
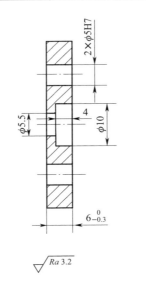

1. 请分析盖板在冲床设备中所起的作用

2. 为何销孔需要与其他连接件配合加工，安装时应注意哪些问题

加工结构		结构功能	加工要点	加工难点	测量方法
外形尺寸	20				
	40 ± 0.3				
	$6_{-0.3}^{0}$				
销孔	$2 \times \phi 5H7$				
	24 ± 0.12				
	8				

续表

加工结构		结构功能	加工要点	加工难点	测量方法
螺栓孔	$\phi 10$				
	$\phi 5.5$				
	4				
	8				

2）填写盖板加工工艺卡，见表 7-4。

表 7-4　　　　　　　　　　　　　　　　　盖板加工工艺卡　　　　　　　　　　　　　　　　　mm

步骤	尺寸精度	工艺方法	需用工具、刀具、量具	测量基准面	备注

2. 根据加工工艺卡填写《物料借用表》，由小组长凭《物料借用表》到教师处领取所需的工具、刀具、量具，见表 7-5。

表 7-5　　　　　　　　　　　　　　　　　　物料借用表

序号	物料名称	规格	数量	领用人	归还人

序号	物料名称	规格	数量	领用人	归还人

3．加工零件。

须认真按加工工艺卡进行加工，每完成一步并保证精度后才能进行下一步操作。

（1）查阅相关资料，分析锪孔切削用量与钻孔切削用量有哪些区别。

（2）现在需要对导向板和盖板进行锪孔（$\phi 10$ mm）操作，应该采用什么方法才能准确控制锪孔台阶的深度，在加工时需要几支锪孔钻才能完成？锪孔切削速度和进给速度应该分别是多少？应该如何确定较为合理的参数？

4．零件加工精度检测。

（1）填写导向板精度检测记录表，见表7-6。

表7-6　　　　　　　　　　　　　导向板精度检测记录表　　　　　　　　　　　　　　mm

序号	加工项目		评估内容和描述	检测结果记录	配分	得分
1	外形	$24_{-0.1}^{0}$	超差不得分		15	
2		20	无法安装不得分		5	
3		6	无法安装不得分		5	

续表

序号	加工项目		评估内容和描述	检测结果记录	配分	得分
4	销孔	$\phi 5H7$	超差不得分		20	
5		18 ± 0.2	超差不得分		10	
6	台阶孔	$\phi 5.5$	无法安装不得分		10	
7		$\phi 10$	无法安装不得分		10	
8		8	无法安装不得分		8	
9		4	无法安装不得分		7	
10	安全文明生产		1. 出现第一次违规行为严重警告并进行教育，出现第二次违规行为暂停生产 2. 生产现场的物料、工具、量具等物品摆放整齐，能及时清理产生的切屑和垃圾 3. 生产现场不得喧闹，讨论问题时不要大声争吵		10	

（2）填写盖板精度检测记录表，见表7-7。

表7-7　　　　　　　　　盖板精度检测记录表　　　　　　　　　mm

序号	加工项目		评估内容和描述	检测结果记录	配分	得分
1	外形尺寸	40 ± 0.3	超差不得分		10	
2		20	无法安装不得分		5	
3		$6_{-0.3}^{0}$	超差不得分		10	
4	销孔	$2 \times \phi 5H7$	加工精度低一级扣5分，超差两级以上不得分		20	
5		24 ± 0.12	按图纸要求，测量超差不得分		10	
		8	无法安装不得分		5	
6	螺栓孔	$\phi 5.5$	产生偏斜现象但可以装配扣3分，无法装配不得分		10	
7		$\phi 10$	无法装配不得分		10	
8		4	无法装配不得分		5	
9		8	无法装配不得分		5	
10	安全文明生产		1. 出现第一次违规行为严重警告并进行教育，出现第二次违规行为暂停生产 2. 生产现场的物料、工具、量具等物品摆放整齐，能及时清理产生的切屑和垃圾 3. 生产现场不得喧闹，讨论问题时不要大声争吵		10	

（3）填写活动过程评价记录表，见表7-8。

表7-8　　　　　　　　　　　　　　　　活动过程评价记录表

零件名称	成员名单	得分	检测报告	检测人
导向板				
盖板				

5．质量反馈与修整。

根据检测记录表的情况，进行归纳和分类，符合要求的和不符合要求的要分开，对不符合要求的零件提出修整方案，并填写修整方案表，然后再进行重新加工或修整。

（1）填写导向板修整方案表，见表7-9。

表7-9　　　　　　　　　　　　　　　　导向板修整方案表　　　　　　　　　　mm

序号	超差结构	检测结果	超差原因	修整方案（重新加工或修整）	修整后情况

（2）填写盖板修整方案表，见表7-10。

表7-10　　　　　　　　　　　　　　　　盖板修整方案表　　　　　　　　　　mm

序号	超差结构	检测结果	超差原因	修整方案（重新加工或修整）	修整后情况

续表

序号	超差结构	检测结果	超差原因	修整方案（重新加工或修整）	修整后情况

 评价与分析

1．填写导向板评价表，见表 7-11。

表 7-11　　　　　　　导向板评价表（总评 = 小组评分 40%+ 教师评分 60%）

班级		姓名		学号		组别		日期	
序号	评价项目		完成情况记录		配分	小组评分	教师评分	总评	
1	劳动保护用品穿戴整齐，着装符合要求				5				
2	外形结构加工质量				20				
3	阶梯孔加工质量				15				
4	铰孔加工质量				20				
5	能按时完成任务				10				
6	操作动作规范				10				
7	安全文明生产				10				
8	生产场地整洁				10				
小结建议									

2．填写盖板评价表，见表 7-12。

表 7-12　　　　　　　　　盖板评价表（总评 = 小组评分 40% + 教师评分 60%）

班级		姓名		学号		组别		日期	
序号	评价项目		完成情况记录		配分	小组评分	教师评分	总评	
1	劳动保护用品穿戴整齐，着装符合要求				5				
2	外形结构加工质量				20				
3	阶梯孔加工质量				15				
4	铰孔加工质量				20				
5	能按时完成任务				10				
6	操作动作规范				10				
7	安全文明生产				10				
8	生产场地整洁				10				
小结建议									

学习活动 8　手工加工冲头、连杆

学习目标

1. 能根据零件图样、零件尺寸、加工余量、加工精度、加工面的形状及材料硬度等条件正确选择锉刀，并制定合理的加工工艺。

2. 能使用圆柱形结构锉削加工方形，掌握在圆上绘制符合图样要求的长方形的尺寸计算方法、划线工艺，以及采用游标卡尺测量圆弧与直边距离的方法。

3. 能较为熟练地使用锉刀锉削加工圆弧面，并能使用半径样板测量圆弧的半径，锉削后使圆弧半径、圆度符合图样要求。

4. 能熟练操作台式钻床进行钻孔，根据钻孔尺寸及钻削零件材料调整钻床转速，合理使用切削液。

5. 能准确控制钻孔的中心位置。

6. 能独立完成钻头的修磨和冲床各零件的孔加工。

7. 能规范使用游标卡尺、千分尺、半径样板、游标万能角度尺等量具准确检测加工精度。

8. 能严格遵守安全生产规章制度和文明生产的有关要求，保持工作场地整洁。

建议学时：24 学时

学习过程

1. 分析图样，制定加工工艺卡。

（1）分析冲头图样，填写冲头加工工艺卡。

1）分析冲头图样，见表 8-1。

表 8-1	分析冲头图样	mm

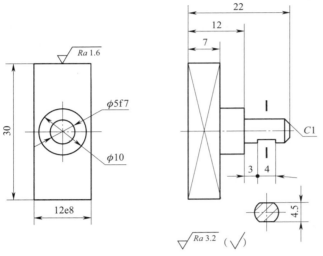

1. 请分析冲头在冲床中所起的作用

2. 12e8 和 φ5f7 中 e8、f7 的含义是什么

加工结构		结构功能	加工要点	加工难点	测量方法
冲头	12e8				
	7				
	30				
	Ra1.6				
导柱	φ5f7				
	4				
	3				
	4.5				
台阶轴	φ10				
	12				
冲头长度	22				

2）填写冲头加工工艺卡，见表 8-2。

表 8-2	冲头加工工艺卡			mm	
步骤	尺寸精度	工艺方法	需用工具、刀具、量具	测量基准面	备注

续表

步骤	尺寸精度	工艺方法	需用工具、刀具、量具	测量基准面	备注

（2）分析连杆图样，填写连杆加工工艺卡。

1）分析连杆图样，见表8-3。

表 8-3　　　　　　　　　　　　　　　　分析连杆图样　　　　　　　　　　　　　　　　　mm

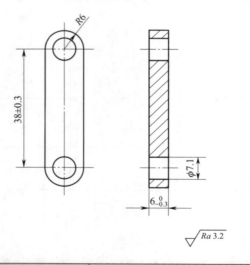

请分析连杆在冲床中所起的作用

加工结构		结构功能	加工要点	加工难点	测量方法
外形	$R6$				
	$6_{-0.3}^{0}$				
安装孔	38 ± 0.3				
	$\phi 7.1$				

2）填写连杆加工工艺卡，见表8-4。

表8-4　　　　　　　　　　　　　　　　　　连杆加工工艺卡　　　　　　　　　　　　　　　　　　mm

步骤	尺寸精度	工艺方法	需用工具、刀具、量具	测量基准面	备注

2．根据加工工艺卡填写《物料借用表》，由小组长凭《物料借用表》到教师处领取所需的工具、刀具、量具，见表8-5。

表8-5　　　　　　　　　　　　　　　　　　物料借用表

序号	物料名称	规格	数量	领用人	归还人

3．加工零件。

须认真按加工工艺卡进行加工，每完成一步并保证精度后才能进行下一步操作。

（1）钻孔时的转速需根据加工孔的直径及零件材料的不同做出相应的调整，在45钢上钻削加工 $\phi 2\,\text{mm}$、$\phi 7\,\text{mm}$ 的孔时，转速应为多少？

（2）经过教师的指导后并参照图8-1，想一想锉削圆弧的操作要领有哪些？锉削圆弧与锉削平面相比较，其难点在哪里？

图 8-1 锉削圆弧的操作

（3）如图8-2所示，加工冲头的技术难点在哪个结构？应该采用哪种工艺方法确保其加工精度？在加工"12e8"尺寸时，应该使用哪种量具测量才能满足其精度要求？

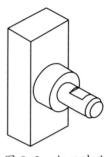

图8-2　加工冲头

4．零件加工精度检测。

（1）填写冲头加工精度检测记录表，见表8-6。

表8-6　　　　　　　　　　　　　　　冲头加工精度检测记录表　　　　　　　　　　　　　　mm

序号	加工项目		评估内容和描述	检测结果记录	配分	得分
1	冲头	12e8	超差不得分		15	
2		30	无法安装不得分		5	
3		7	无法安装不得分		5	
4		Ra1.6	超差不得分		6	
5	导柱	ϕ5f7	超差不得分		20	
6		4	无法安装不得分		5	
7		3	无法安装不得分		5	
8		4.5	无法安装不得分		9	
9	台阶轴	ϕ10	无法安装不得分		10	
10		12	无法安装不得分		5	
11	冲头长度	22	无法安装不得分		5	
12	安全文明生产		1．出现第一次违规行为严重警告并进行教育，出现第二次违规行为暂停生产 2．生产现场的物料、工具、量具等物品摆放整齐，能及时清理产生的切屑和垃圾 3．生产现场不得喧闹，讨论问题时不要大声争吵		10	

（2）填写连杆加工精度检测记录表，见表8-7。

表8-7　　　　　　　　　　　　　连杆加工精度检测记录表　　　　　　　　　　　　　　mm

序号	加工项目		评估内容和描述	检测结果记录	配分	得分
1	外形	$R6$	圆弧面无棱形状，用半径样板进行测量超差不得分		20	
2		$6_{-0.3}^{0}$	超差不得分		30	
3	安装孔	38 ± 0.3	超差不得分		20	
4		$\phi7.1$	无法安装不得分		20	
5	安全文明生产		1. 出现第一次违规行为严重警告并进行教育，出现第二次违规行为暂停生产 2. 生产现场的物料、工具、量具等物品摆放整齐，能及时清理产生的切屑和垃圾 3. 生产现场不得喧闹，讨论问题时不要大声争吵		10	

（3）填写活动过程评价记录表，见表8-8。

表8-8　　　　　　　　　　　　　活动过程评价记录表

零件名称	成员名单	得分	检测报告	检测人
冲头				
连杆				

5．质量反馈与修整。

根据检测记录表的情况进行归纳和分类，将符合要求的和不符合要求的要分开，对不符合要求的零件提出修整方案，并填写修整方案表，然后再进行重新加工或修整。

（1）填写冲头修整方案表，见表8-9。

表8-9　　　　　　　　　　　　　冲头修整方案表　　　　　　　　　　　　　　mm

序号	超差结构	检测结果	超差原因	修整方案（重新加工或修整）	修整后情况

（2）填写连杆修整方案表，见表 8-10。

表 8-10　　　　　　　　　　　　　　连杆修整方案表　　　　　　　　　　　　　　　　mm

序号	超差结构	检测结果	超差原因	修整方案（重新加工或修整）	修整后情况

 评价与分析

1．填写冲头评价表，见表 8-11。

表 8-11　　　　　　　　　　冲头评价表（总评 = 小组评分 40%+ 教师评分 60%）

班级		姓名		学号		组别		日期	
序号	评价项目		完成情况记录		配分	小组评分	教师评分	总评	
1	劳动保护用品穿戴整齐，着装符合要求				5				
2	圆柱形结构加工质量				20				
3	方形结构加工质量				20				
4	能按时完成任务				15				
5	操作动作规范				20				
6	安全文明生产				10				
7	生产场地整洁				10				
小结建议									

2．填写连杆评价表，见表 8-12。

表 8-12　　　　　　　　　连杆评价表（总评 = 小组评分 40%+ 教师评分 60%）

班级		姓名		学号		组别		日期	
序号	评价项目		完成情况记录		配分	小组评分	教师评分	总评	
1	劳动保护用品穿戴整齐，着装符合要求				5				
2	平面结构加工质量				15				
3	螺栓安装孔加工质量				15				
4	圆弧面加工质量				20				
5	能按时完成任务				10				
6	操作动作规范				15				
7	安全文明生产				10				
8	生产场地整洁				10				
小结建议									

学习活动 9　装配、调整冲床机构

 **学习目标**

> 1. 能看懂装配图的结构及有关技术要求。
>
> 2. 能按机械设备装配与调试的工艺方法和技术要求装配冲床，冲头滑移顺畅且没有明显晃动，手轮转动灵活，无卡紧现象。
>
> 3. 能严格遵守安全操作规程操作冲床。
>
> 4. 能熟悉冷冲模的装配与调模工艺。
>
> 5. 能按工艺要求调试、检测冲头与凹模的配合间隙，冲裁试模的产品应符合质量要求。
>
> 6. 能在作业过程中严格执行企业操作规范、安全生产制度、环保管理制度以及"6S"管理规定，严格遵守从业人员的职业道德，具有吃苦耐劳、爱岗敬业的工作态度以及精益求精的质量管控意识和职业责任感。
>
> 建议学时：18 学时

 学习过程

1. 分析图 9-1，查阅相关资料，回答下列问题。

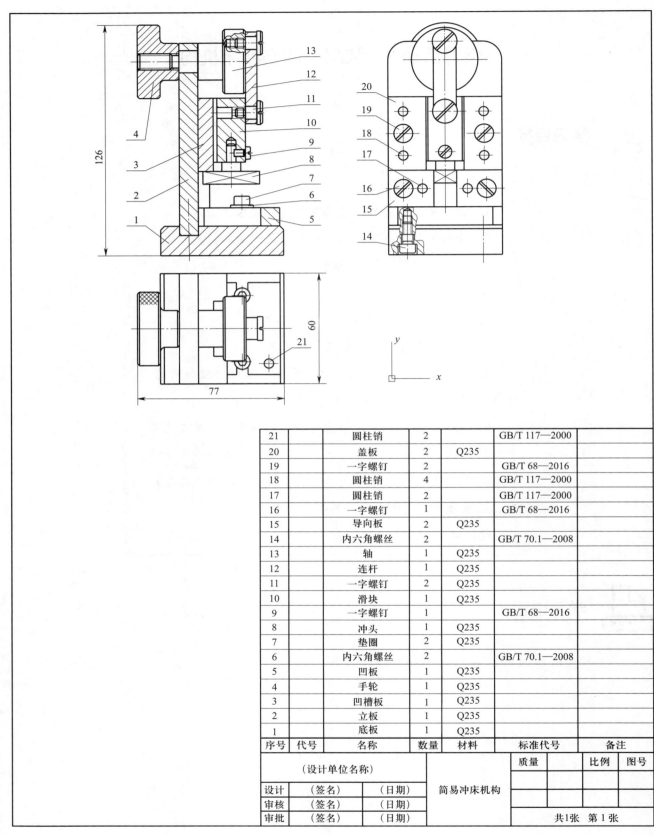

21		圆柱销	2		GB/T 117—2000	
20		盖板	2	Q235		
19		一字螺钉	2		GB/T 68—2016	
18		圆柱销	4		GB/T 117—2000	
17		圆柱销	2		GB/T 117—2000	
16		一字螺钉	1		GB/T 68—2016	
15		导向板	2	Q235		
14		内六角螺丝	2		GB/T 70.1—2008	
13		轴	1	Q235		
12		连杆	1	Q235		
11		一字螺钉	2	Q235		
10		滑块	1	Q235		
9		一字螺钉	1		GB/T 68—2016	
8		冲头	1	Q235		
7		垫圈	2	Q235		
6		内六角螺丝	2		GB/T 70.1—2008	
5		凹板	1	Q235		
4		手轮	1	Q235		
3		凹槽板	1	Q235		
2		立板	1	Q235		
1		底板	1	Q235		
序号	代号	名称	数量	材料	标准代号	备注

（设计单位名称）			简易冲床机构	质量		比例	图号
设计	（签名）	（日期）					
审核	（签名）	（日期）					
审批	（签名）	（日期）		共1张　第1张			

图 9-1　简易冲床机构

（1）装配是一项较为烦琐的工作，为了使装配过程顺畅，保证冲床的装配质量，对工作场地、人员安排、操作配合及精度调整均要进行合理的安排，请按"6S"现场管理的有关要求制订装配工作计划表。

（2）在装配前应该做好哪些准备工作？这些准备工作应该如何安排？

（3）查阅相关资料，了解常用的机械装配工艺及其特点。根据该冲床的结构及配合性质，应该采用什么装配工艺比较合理？

（4）装配过程中，一定要保护好零件，不能破坏零件的加工精度或使其变形，所以一定要了解机械装配的注意事项。在装配工作中比较容易发生的错误操作都有哪些？

（5）零件清洗是一项非常重要的工作，它直接影响着装配质量，所以要认真对待。清洗零件时应该注意哪些问题？又应该如何有针对性地选择清洗剂？

（6）凸模、凹模的对中性和间隙均匀度直接影响着冲裁产品的质量，所以在调整凸模、凹模的位置精度及对中性时，一定要按生产技术要求进行。请根据该冲床的结构，查阅相关资料，制定出合理、可行的调整方案。

2．编制装配工艺。

（1）分析冲床机构的装配图，然后绘制冲床机构的装配单元系统图，如图9-2所示。

图9-2　冲床机构的装配单元系统图

（2）冲床机构装配工艺分析，见表9-1。

表9-1　　　　　　　　　　　　　　冲床机构装配工艺分析

装配项目	装配要求	调整方法	检测方法	配合性质	连接方法	使用工具、量具
底板→立板						
底板→凹模版						
立板→导向板						
立板→盖板						
立板→轴						
轴→手轮						
轴→连杆						

续表

装配项目	装配要求	调整方法	检测方法	配合性质	连接方法	使用工具、量具
连杆→滑块						
滑块→盖板						
滑块→冲头						
冲头→导向板						
冲头→凹模板						

（3）填写冲床机构装配工艺卡，见表 9-2。

表 9-2　　　　　　　　　　　　　　　　冲床机构装配工艺卡

工序序号	工序名称	工序内容	设备及工艺装备	装配精度要求	备注

续表

工序序号	工序名称	工序内容	设备及工艺装备	装配精度要求	备注

3．填写《物料借用表》。

根据装配工艺卡填写《物料借用表》，由小组长凭《物料借用表》到教师处领取所需的工具、刀具、量具，见表 9-3。

表 9-3　　　　　　　　　　　　　　　　物料借用表

序号	物料名称	规格	数量	领用人	归还人

4．装配质量检测。

填写装配质量检测记录表，总分为 100 分，以小组为单位互换进行检测，以图样为标准。

（1）填写冲床机构装配情况记录表，见表9-4。

表9-4　　　　　　　　　　　　　　　冲床机构装配情况记录表

项目	评估内容和描述	检测结果记录	配分	得分
连接件装配质量	螺栓齐全、连接牢固，螺钉、定位销装配松紧度合理，出现漏缺不得分；安装松紧度不合理每处扣5分		10	
装配间隙要求1	冲头与凹板配合间隙符合技术要求，配合间隙超差扣5分，滑动不顺畅不得分		15	
装配间隙要求2	滑块与凹槽板配合符合技术要求。滑块移动不顺畅或配合间隙超0.03～0.05扣5分，滑块不能移动或配合间隙超差0.05不得分		15	
转动手轮机构运动灵活	手轮转动灵活，无卡顿现象，不符合要求不得分		15	
制件：能冲出合格方形纸片	按制件尺寸精度要求，保证制件外形尺寸及断面质量，切断边产生毛刺扣10分，冲不断、出现撕裂状态不得分		20	
产品外观	目测为主，制件完整，无锐角、无误加工或未加工等缺陷，每处缺陷扣3分		15	
安全文明生产	1. 出现第一次违规行为严重警告并进行教育，出现第二次违规行为暂停生产 2. 生产现场物料、工具、量具等摆放整齐，能及时清理产生的切屑和垃圾 3. 生产现场不得喧闹，讨论问题时不要大声争吵		10	

（2）填写活动过程评价记录表，见表9-5。

表9-5　　　　　　　　　　　　　　　活动过程评价记录表

检测项目	成员名单	得分	检测报告	检测人
冲床机构装配质量				

5．装配质量反馈与修整。

根据检测记录表的情况，进行归纳和分类，符合要求的和不符合要求的要分开，对不符合要求的零件提出修整方案，并填写冲床机构装配质量情况反馈及修整方案表，见表9-6，然后再进行重新修整。

表 9-6　　　　　　　　　冲床机构装配质量情况反馈及修整方案表　　　　　　　　　mm

序号	超差结构	检测结果	超差原因	重新修整方案	修整后情况

 评价与分析

表 9-7　　　　　　　　冲床机构装配评价表（总评 = 小组评分 40%+ 教师评分 60%）

班级		姓名		学号		组别		日期	
序号	评价项目			完成情况	配分	小组评分	教师评分	总评	
1	劳动保护用品穿戴整齐，着装符合要求				10				
2	冲床机构装配精度				25				
3	冲裁件质量				15				
4	机构工作效果				15				
5	能按时完成任务				10				
6	操作动作规范				10				
7	能做好防锈、防尘措施				5				
8	安全文明生产				5				
9	生产场地整洁				5				
小结建议									

学习活动 10　工作总结、成果展示、经验交流

学习目标

1. 能正确规范地撰写工作总结，对学习工作过程中出现的问题进行反思和总结，并提出改进措施。

2. 能积极主动采用多种形式对工作成果进行展示、汇报。

3. 能结合世界技能大赛的要求有效进行工作反馈与经验交流，并进一步优化方案和策略。

建议学时：6学时

学习过程

冲床机构实物图片粘贴区

1．提出产品加工过程中存在的问题以及需要改进和提高的地方。

（1）存在问题

（2）改进方法

2．请从自身的角度出发写出本小组成果展示方案。

3．如何更好地展示本小组制作的产品？通过小组讨论制定出方案。

4．写出完成本任务的工作总结。

5．通过观看其他同学的工作成果展示，你从中得到了哪些有益的启发？

评价与分析

表 10-1　　　　　　　　　　　　　　活动过程评价表

班级		姓名		学号		日期		年　月　日	
序号	评价要点				配分	得分		总评	
1	劳动保护用品穿戴整齐，着装符合要求				5				
2	能独立完成合理有效的工作成果展示方案				15				
3	能独立完成条理清晰、针对自我的工作总结				20			A □（86～100 分）	
4	能较好地完成工作成果展示与交流				30			B □（76～85 分）	
5	能根据其他同学的展示过程发现自身的不足并加以修正				20			C □（60～75 分） D □（60 分以下）	
6	能严格遵守作息时间				5				
7	能及时完成教师布置的任务				5				
小结 建议									